人类文明的足迹

地理

图文并茂，具有趣

奇妙的江河湖泊

领略大自然的鬼斧神工·········

编著◎吴波

Geography

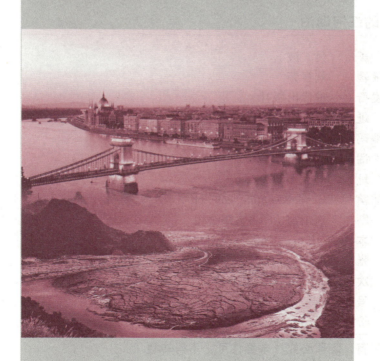

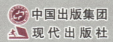

中国出版集团

现代出版社

图书在版编目（CIP）数据

奇妙的江河湖泊／吴波编著 . —北京：现代出版
社，2012. 12（2024.12重印）
（人类文明的足迹·地理百科）
ISBN 978 - 7 - 5143 - 0942 - 3

Ⅰ. ①奇… Ⅱ. ①吴… Ⅲ. ①河流 - 普及读物②湖泊
- 普及读物 Ⅳ. ①P941. 7 - 49

中国版本图书馆 CIP 数据核字（2012）第 275173 号

奇妙的江河湖泊

编　　著	吴　波	
责任编辑	刘春荣	
出版发行	现代出版社	
地　　址	北京市朝阳区安外安华里 504 号	
邮政编码	100011	
电　　话	010 - 64267325　010 - 64245264（兼传真）	
网　　址	www. xdcbs. com	
电子信箱	xiandai@ cnpitc. com. cn	
印　　刷	唐山富达印务有限公司	
开　　本	710mm × 1000mm　1/16	
印　　张	12	
版　　次	2013 年 1 月第 1 版　2024 年 12 月第 4 次印刷	
书　　号	ISBN 978 - 7 - 5143 - 0942 - 3	
定　　价	57. 00 元	

前 言

　　从太空看地球，地球呈现蓝色，这是因为地球表面的大部分被水所覆盖，地球是名副其实的水球。水对于地球上的生命来说，意义自然非同凡响，是生命存在的基本元素，没有水的存在，生命也就不复存在，地球将是一片荒芜，了无生机。

　　波澜壮阔的海洋是地球上水体的主要部分，除去海洋，江河可以说是构成地球水系最重要的部分，它们遍布地球，犹如地球的条条血脉，日夜不停地滚滚向前，滋润着这个星球。正是在这种时刻不停的滋养下，人类的文明才得以诞生，历史的车轮才得以滚滚向前。长江、黄河是我国最重要的两条河流，是中华民族的"母亲河"，华夏子孙在她们的哺育下，繁衍生息，壮大发展。尼罗河是埃及人的"母亲河"，滋养着沿河两岸的埃及人民；伏尔加河是俄罗斯人的"母亲河"，同样也滋养着俄罗斯人民。

　　湖泊也是地球上重要的水体之一，它们星罗棋布，广泛地分布在地球的各个角落，犹如颗颗珍珠。湖泊虽然在地球整个水系中所占的比例不大，但它所储藏的淡水量的98%却可以被人类利用，所以可以说是大自然赐给人类的宝贵财富。

　　地球上的河流和湖泊，不可谓不多，不可谓不丰富，它们像条条血脉遍布地球，构成了一个闭合的完整的系统，我们要善待滋养我们的这些"血脉"，只有它们"健康"，不受到伤害，我们的家园才会更加美丽富饶，人类才会得以继续向前发展。

目 录

QIMIAO DE JIANGHE HUPO

湖泊篇

江河篇

地球上的江河犹如地球的大动脉，遍布地球，它们日夜不停，奔腾不息，滚滚向前，正是由于有了这些江河的滋养，我们的星球才焕发出勃勃生机，生命才得以以最丰满的形式展现出来，四大文明古国无一例外都是在江河滋养下才诞生的。长江、黄河是中华民族的诞生摇篮，是中华儿女的"母亲河"；尼罗河是埃及人的"生命之河"，在尼罗河的滋养下，埃及文明最终才得以诞生和发展；同样，两河流域则是美索不达米亚文明诞生的摇篮。

另外，出于灌溉、运输等目的，人类开凿了一些运河，这些工程巨大的人工动脉，对人类的生产发展曾起到了巨大的促进作用，著名的运河有京杭大运河、巴拿马运河和苏伊士运河等，时至今日，这些运河还在发挥着一定的作用。

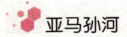
亚马孙河

亚马孙河是世界上流域面积最广、流量最大的河流，被称为地球上的"河流之王"。

亚马孙河

亚马孙河位于南美洲北部，发源于安第斯山脉。上源乌卡亚利河位于秘鲁境内，从发源地先向北流，辗转迂回，奔腾在高山峡谷之中，再劈山破岭，冲出山地，转折向东，流淌于广阔的亚马孙平原上，最后在巴西的马腊若岛附近注入大西洋，全长6 480千米，长度仅次于尼罗河而居第二位。但据美国地质学家在1980年实地测量，亚马孙河全长应是6 751千米，实为世界第一长河。

亚马孙河不仅源远流长，而且支流众多。它的大小支流在1 000条以上，其中长度超过1 500千米的有17条，是世界上水系最发达的河流。它的流域面积达700万平方千米，约占南美洲总面积的40%，是世界上流域最广的河流。

内格罗河是亚马孙河北岸最大支流，由发源于哥伦比亚东部山地的瓜伊尼亚河在圣卡洛斯附近汇合卡西基亚雷河后，始称内格罗河。流经巴西西北部，向东南流，接纳布朗库河等支流，在马瑙斯以下17千米处注入亚马孙河。全长2 000千米，流域面积达100万平方千米。这里河面宽阔，交通便利，世界上最大的浮动码头内格罗河船运码头就在这里。河道曲折蜿蜒，下游多沙洲。流域内炎热多雨，人烟稀少。因内格罗河流经沼泽，冲出腐殖质，河水黝黑，所以人们称之为"黑河"。而亚马孙河的主干道含有大量沙泥，犹如加了大量牛奶的咖啡，当地的印第安人都称它为白水。随着下游地势渐趋平缓，河水流速减慢，于是就形成了黑、白水交汇的壮观奇景，一直绵延17千米。内格罗河在塔普鲁夸拉以下可通

支流内格罗河

航。经内格罗河和卡西基亚雷运河，使亚马孙河与奥里诺科河两大水系相互通连。亚马孙河流域内，大部分地区的年降水量达1 500～2 000毫米。干流所经地区，降水季节分配比较均匀。而南、北两侧支流地区，雨季正好相反，北部为3～6月，南部为10月到次年3月。加上安第斯山脉雪峰的冰雪融水，亚马孙河的水源终年充沛，洪水期流量极大，河口年平均流量达12万立方米/秒，每年泄入大西洋的水量有3 800亿立方米，占世界河流总流量的1/9，相当于我国长江流量的4倍，非洲刚果河流量的3倍。在远离河口300多千米的大西洋上，还可以看到亚马孙河那黄浊的河水。

亚马孙河也是世界上最宽的河流。在一般情况下，上游宽为700米，中游宽5 000米以上，下游可宽达2 200米，河口处更宽达320千米。由于亚马孙平原地势低平坦荡，河床比降小，流速很缓慢，每到洪水季节，河水排泄不畅，常使两岸数十千米至数百千米的平原、谷地，连成汪洋一片，亚马孙河因此而获得"河海"的称号。

地球上许多大河都有三角洲，而亚马孙河却没有三角洲，主要原因有：

1. 亚马孙河口是圭亚那暖流流经的海区，缺乏稳定的沉积环境，河流所携带的大部分泥沙被沿岸海流带走。圭亚那暖流是大西洋的北赤道暖流遇到南美大陆后，分支形成的北支洋流。其大部分海水由东南向西北从亚马孙河口的沿岸流过；另一部分海水在亚马孙河口离岸东流，形成赤道逆流。圭亚那暖流的沿岸和离岸流动相对增大了河流入海后的流速，增强了河水的携沙

能力，造成了河口泥沙无法沉积的环境；同时，又把含有大量泥沙的黄浊河水，带到了离岸数百千米的大西洋中。

2. 河口区原始水体深，地壳下沉，不利于三角洲的形成。亚马孙河口海水深，没有广阔的浅水区，滨海区大陆架狭窄而陡峻，并且，目前正处于下沉阶段，因此，没有出露三角洲。另外，南美大陆东部海岸线平直，又缺少岛屿，大西洋的波浪和海流可直抵海岸；而亚马孙河河口宽阔，大西洋的海潮能够上溯到大陆内部 1 000 多千米，在强大的波浪和潮流的作用下，亚马孙形成了喇叭状的三角港。

亚马孙大涌潮也可堪称世界涌潮之最，亚马孙大涌潮波高 4～5 米，时速达 20 多千米，溯河而上 1 000 多千米。当人们有幸亲临这一奇观时，在一阵阵震耳欲聋的巨大响声之后，放眼望去，宽达 12 千米的涌潮在河口尽头的马腊若岛附近骤起，随之浊浪排空，发出令人毛骨悚然的轰鸣，排山倒海似的向上游涌来，使人惊惧不已。

亚马孙流域的热带雨林为世界之最，约占世界森林总面积的 1/3。在盘根错节的草木之中，有着罕见的珍禽异兽——有大到可以捕鸟的蜘蛛，有种类比别处繁多的蝴蝶，还有差不多占世界鸟类总数一半的各种鸟。

亚马孙河流域的热带雨林

亚马孙河还保留着世界上鲜为人知的许多秘密。大量的神话传说告诉人们，数不胜数的片片未被开发的原始森林里，到处都是带毒的虫子和凶猛、狠毒的野兽。1970 年，巴西政府开始利用空中摄像和遥感技术对亚马孙河流域进行勘探发现，在葱郁树木的华盖之下，还奔流着一条长 640 千米从未被发现过的亚马孙河支流。

亚马孙河水系具有非常优越的航运条件。它河宽水深，比降很小，而且主要河段上没有瀑布险滩，并可与各大支流下游直接通航，形成了庞大的水道系统。3 000吨的海轮沿干流上溯，可达秘鲁的伊基托斯，7 000吨海轮可达马瑙斯，整个水系可供通航的河道总长达25万千米。但是，富饶的亚马孙流域尚没有很好地被开发，这里人口稀少，没有铁路，公路也很少，流域内的8个国家曾制订了合理开发流域自然资源的计划，不久的将来，亚马孙河流域也将成为人类文明的新区。

 **知识点**

河 床

河床是指谷底部分河水经常流动的地方。河床由于受侧向侵蚀作用而弯曲，经常改变河道位置，所以河床底部冲积物复杂多变，一般来说山区河流河床底部大多为坚硬岩石或大砾岩石、卵石以及由于侧面侵蚀带来的大量的细小沙砾。平原区河流的河床一般是由河流自身堆积的细沙砾物质组成。按形态，河床可分为顺直河床、弯曲河床、汊河型河床、游荡型河床。其中汊河型河床河身有宽窄变化，窄处为单一河槽，宽段河槽中发育沙洲、心滩，水流被洲、滩分成两支或多支。汊河与沙洲的发展与消亡不断更替，洲岸时分时合。随主流线移动和冲刷，常伴生规模不等的岸崩，会危及河堤安全和造成重大灾害。

 **延伸阅读**

亚马孙平原

亚马孙平原位于南美洲北部，亚马孙河的中下游，介于圭亚那高原和巴西高原之间，西接安第斯山，东滨大西洋，跨居巴西、秘鲁、哥伦比亚和玻利维亚4国领土，面积达560万平方千米，是世界上面积最大的冲积平原。

亚马孙平原热带雨林密布，动植物种类繁多，有丰富的石油矿藏，境内已建成贯通全境的亚马孙公路。

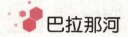 巴拉那河

巴拉那河发源于巴西高原东南缘的曼蒂凯拉山脉北坡，主源为格兰德河，与巴拉那伊巴河汇合后，始称巴拉那河。是南美洲第二大河，全长5 290千米，流域面积280万平方千米，自东北向西南，流径巴西东南部、巴拉圭、阿根廷东北部；至巴拉那折向东南，注入拉普拉塔河，约一米面积属于巴西。

巴拉那河

巴拉那河是南美洲中东部重要的内河航道，全年通航里程2 700千米，先后流经巴西、巴拉圭、阿根廷和玻利维亚，承担阿根廷对外贸易30%和巴拉圭对外贸易90%的运输任务。流域内蕴藏丰富的水力资源，20世纪70年代以来，流域各国开始合作修建大型水电站。流域内多急流瀑布，其中著名的有伊瓜苏瀑布和瓜伊拉瀑布。

巴拉那河沿岸农作物丰富，盛产玉米、大豆、高粱和小麦。

巴拉那河有几条支流注入，巴拉圭河是巴拉那河的重要支流之一，发源于巴西马托格罗索高原帕雷西斯山东麓，流经巴西西南部和巴拉圭，在阿根廷的科连特斯附近注入巴拉那河。全长2 550千米，流域面积110万平方千米。上游在饶鲁河河口以上，流经山地峡谷，形成一系列急流瀑布。中游在阿帕河河口以上，流经沼泽平原，河面增宽，水流平缓，右岸有面积达40万平方千米的大沼泽，是调节水量的天然水库。下游纵贯巴拉圭中部，为巴拉

圭东部湿润平原和西部大查科的分界线，亚松森以下河道曲折，小岛罗列；右岸陡崖高耸，左岸低矮平坦，雨季时淹没大片土地。流域处于热带草原气候带，10月到翌年3月为雨季，水量季节变化大。除上游外全程皆可通航。重要港口和城市有巴西的科伦巴、库亚巴、埃斯佩兰萨港，巴拉圭的奥林波堡、康塞普西翁、亚松森，阿根廷的福莫萨等。

巴拉那河常年滚滚奔腾，流经的高原地区，地表起伏悬殊，河床高高低低，加之河水的不断侵蚀，沿河形成了许多大瀑布。跌水和急流，为沿河国家提供了

支流巴拉圭河

极为丰富的水力资源。巴拉那河的水力利用，对巴西、巴拉圭和阿根廷三国具有很重要的意义。巴西在巴拉那河水系的发电量占全国水力发电量的1/2以上。1973年，巴西和巴拉圭政府决定在巴拉那河的瓜伊拉大瀑布到下游巴西的伊瓜苏口市180多千米的河段上兴建水电站。这一段河身收束为400米，水深45米，全段河道落差120米，河床由玄武岩所组成，为兴建水电站的良好坝址。"伊泰普"是河中一个小岛的名字，也许是由于奔腾的河水不停地拍打小岛的岩岸发出有节奏的声响的缘故，当地印第安人一个部族瓜拉尼语称之为"伊泰普"，意思是"歌唱的石头"。

伊泰普水利枢纽选址是从10条基准线中选取一条最佳的基准线，该线距连接巴西—巴拉圭两国的巴拉那大桥13.5千米。水利枢纽工程的规模浩大，溢洪道最大设计流量6.2万立方米；水电站坝高190米，坝长7千米，库容为290亿立方米。工程于1975年10月20日开工，到1991年3月全部竣

伊泰普水电站

工并交付使用，总装机容量达 1 260 万千瓦，安装单机容量为 71.5 万千瓦的机组 18 个，比世界著名的埃及阿斯旺大坝的装机容量还大 6 倍，比美国最大的大古力水电站大 300 万千瓦，全年发电达 750 亿度。

伊泰普水电站的建设，为周围地区带来了一片欣欣向荣的景象，城市发展日新月异。同时，还大大促进了巴拉圭和巴西经济的发展，水电站活跃了巴拉圭的建筑、电子和运输等企业部门，大量的电能可以满足巴拉圭的国内需要和出口，促进基础工业、机械工业和其他大型工程工业的发展。

知识点

玄武岩

玄武岩属基性火山岩。是地球洋壳和月球月海的最主要组成物质，也是地球陆壳和月球月陆的重要组成物质。

玄武岩的主要成份是二氧化硅、三氧化二铝、氧化铁、氧化钙、氧化镁，还有少量的氧化钾、氧化钠，其中二氧化硅含量最多，约占 40%～50%。玄武岩的颜色，常见的多为黑色、黑褐或暗绿色。因其质地致密，它的比重比一般花岗岩、石灰岩、沙岩、页岩都重。但也有的玄武岩由于气孔特别多，重量便减轻，甚至在水中可以浮起来。因此，把这种多孔体轻的玄武岩，叫做"浮石"。

巴西高原

巴西高原是南美洲东部位于巴西境内的广阔高原，面积500多万平方千米，是世界上面积第二大的高原。巴西高原海拔300~1 500米，地势南高北低，起伏平缓，花岗岩、片麻岩、片岩、千枚岩、石英岩等古老基底岩系出露地表，其中东部岩性坚硬的石英岩、片岩部分，表现为脊状山岭或断块山，凸出于高原之上；西部即戈亚斯高原和马托格罗索高原，具有桌状高地特征。高原边缘部分普遍形成缓急不等的崖坡，河流多陡落成为瀑布或急流，切成峡谷。巴西高原大部分地区属热带草原气候，一年中有四五个月是旱季，但当雨季来临时，草原上水草丰茂，一片繁荣景象。

拉普拉塔河

南美洲除了有亚马孙河这样的"河流之海"之外，还有一条美丽的地上"银河"，这条河就是拉普拉塔河。拉普拉塔河的名字得自一位西班牙的航海家。1526年的时候，西班牙航海家塞巴斯蒂安·卡波特率领他的西班牙探险队来到了南美洲的东海岸，他们在现在的拉普拉塔河流域的上游地区碰到了身上佩戴着许多银质饰物的印第安人，便误以为那里肯定蕴藏有丰富的银矿。由于银子在西班牙语中叫做"拉普拉塔"，因此卡波特便将这条河命名为拉普拉塔河。

虽然拉普拉塔河是一条实际长度仅为300多千米的河流，但它却有一个巨大无比的河口。除了河口宽大之外，这条并不长的河流也有着非常宽的河面，据测量，拉普拉塔河的最宽处达到230千米，可以说是世界上河面最宽的河流。拉普拉塔河的全程都可以航行上万吨级的轮船，因为它的最大水深达18米。因此，拉普拉塔河也成了南美洲重要的航运通道。

拉普拉塔河

　　拉普拉塔河总共有两个河源，它们分别是巴拉那河与乌拉圭河，正是这两条河汇聚成了拉普拉塔河。其中，巴拉那河是拉普拉塔河的主要河源，它发源于巴西高原东南部，是一条全长 4 700 千米，流域面积达到 400 万平方千米的大河。拉普拉塔河的另外一个河源乌拉圭河则发源于巴西境内的马尔山南段，全长 1 600 多千米，流域面积有 33 万平方千米，它是在布宜诺斯艾利斯北面汇入拉普拉塔河的。若将它的河源也算上，它的总长度达到 4 700 千米。可以想见，由这两条大河汇聚而成的拉普拉塔河是多么的壮阔！

　　拉普拉塔河流域有着优美的自然景观和良好的人文景观，这主要体现在拉普拉塔江流经的著名瀑布和几个世界闻名的文化名城上。先来看看拉普拉塔河流经的著名瀑布——世界三大瀑布之一的伊瓜苏瀑布。伊瓜苏瀑布是世界上最宽的瀑布，它是由发源于马勒山脉的伊瓜苏河在流经巴西高原时形成的。当伊瓜苏河坠入巴拉那峡谷时，河水变成了 275 股大小不一的瀑布；雨季来临时，这些瀑布会由于水量的增大而形成一道最宽达 4 000 米，落差最大可达 80 米的巨型瀑布，那是南美洲最为壮美的自然景观。除了流经伊瓜苏瀑布这样的自然奇观之外，拉普拉塔河还流经了许多文化名城，其中最出名的自然要属阿根廷的首都布宜诺斯艾利斯。这座城市有许多美丽的称呼，它既被叫做"南美的巴黎"，也被叫做"美洲的文化之都"，是一座非常吸引人的城市。

过去，拉普拉塔这条美丽的"银河"曾经哺育了千千万万的南美洲人民，今天，它仍在为南美人民昼夜不停地奔流着。

伊瓜苏瀑布

人文景观

人文景观又称文化景观，是人们在日常生活中，为了满足一些物质和精神等方面的需要，在自然景观的基础上，叠加了文化特质而构成的景观。在我国，人文景观可分为四类：1. 文物古迹；2. 革命活动地；3. 地区和民族的特殊人文景观；4. 现代经济、技术、文化、艺术、科学活动场所形成的景观。

布宜诺斯艾利斯

布宜诺斯艾利斯在西班牙语中意为"好空气"。它是南半球最大城市，

是大西洋沿岸具有世界意义的港口。它位于拉普拉塔河南岸，扼守着巴拉那河和乌拉圭河的河口，特别是富庶的潘帕斯草原通向大西洋的咽喉要道上。人口近400万。布宜诺斯艾利斯包括近17个城市，人口超过1 000万。始建于1536年，1880年成为首都，是全国政治、经济、文化中心。同时，还是南美洲最大铁路枢纽。全国工业企业约1/4集中于此，是炼油、肉类加工、纺织、食品、机械、化工、制革工业的重要产地。

布宜诺斯艾利斯号称"南美的巴黎"。每年春天，骄傲的赛波花开了。她像天边的火烧云，又像团团红霞，晶莹绚丽，好像把整个布宜诺斯艾利斯也染红了。传说，在西班牙殖民统治期间的一次战斗中，拉普拉塔地区的一位印第安部落酋长不幸阵亡，她的女儿阿娜依挺身而出，指挥战斗，与西班牙殖民者浴血奋战，最后被俘，西班牙殖民者将阿娜依绑在一棵树上，用火烧死她。阿娜依在熊熊大火中慷慨就义。此时，花期未到的树上突然盛开出满枝累串如火如荼的红花，因此，赛波花作为自由和尊严的象征，被独立后的阿根廷人民选为国花。

密西西比河

密西西比河全长6 262千米，仅次于非洲的尼罗河、南美洲的亚马孙河和我国的长江，为世界第四长河。密西西比河水量十分丰富，河口年平均径流量为每秒19 000立方米，全年注入墨西哥湾的水量达593亿立方米。

密西西比河被称为"百川之父"，这个名号的得来是因为它是北美洲流程最长、流域面积最大、水量最丰富、支流众多的河流。密西西比河干流发源于苏必利尔湖西面、劳伦高地南侧的明尼苏达州境内的伊塔斯喀湖。从这里向南，蜿蜒曲折，逶迤千里。在圣路易斯城与密苏里河汇流后，继续南流，纵贯美国中部平原，于新奥尔良附近分四路注入墨西哥湾，全长3 500多千米。在密西西比河的众多支流中，发源于落基山东坡的密苏里河应该是它的正源。密西西比河汇聚了发源于落基山东坡、阿巴拉契亚山西坡和北部冰碛

密西西比河河口

区南侧的大大小小 500 多条河流，其中较大的支流有阿肯色河、德雷河、俄亥俄河、田纳西河以及伊利诺斯河等。西岸支流比东岸多而长，形成巨大的不对称的树枝状水系，整个水系流经美国 31 个州和加拿大 2 个州，流域面积 322 万平方千米，占美国国土总面积的 34% 以上。

俄亥俄河是密西西比河水量最大的支流，位于美国中东部。俄亥俄河发源于阿巴拉契亚山地，流向西南，干流由阿勒格尼河和莫农加希拉河在匹兹堡附近汇合而成，在伊利诺伊州的开罗附近，注入密西西比河。全长 2 100 千米，流域面积 52.8 万平方千米。主要支流有卡诺瓦河、肯塔基河、沃巴什河、坎伯兰河和田纳西河。流域内降水丰富，年降水量 1 000 毫米。河流以雨水补给为主，水量丰富，提供密西西比河 56% 的水量。从匹兹堡至朴次茅斯为上游，河谷狭窄，平均宽度小于 800 米；朴次茅斯至开罗为下游，比上游稍宽。全河比降不大，总落差 130 米，水流缓慢。干支流总通航里程约 4 000 千米，并有运河与伊利湖相通，全年皆可通航，一直是美国中东部重要的水运航道，主要输送煤、沙石、石油、铁、钢材、谷物和木材等。建有19级活动闸和宽91.4米、深3米的航道，货运物资以煤、石油、沙、石料、谷类、钢铁产品、石油产品和木材等为主。流域内工农业生产发达，有钢铁、采煤、石油和陶瓷等工业。

东部的俄亥俄河

密西西比河水系东西两侧各支流流经的地区气候不同，降水量差异很大。因而水文特征也各不相同。东岸的支流流程短，流域面积小，但水量大，水位的季节变化小，如俄亥俄河，全长仅1 580千米，流域面积52万多平方千米，但水量很大，年平均流量每秒7 500立方米。西岸的支流流程长，流域面积大，而水量小，水位的季节变化大，如密苏里河，在长度和流域面积上，都是俄亥俄河的2.6倍多，但其水量却只有俄亥俄河的1/4，只占密西西比河水量的20%。西岸河流因流经质地疏松的黄土区，每逢暴雨，水土流失严重，使密西西比河含沙量较大，每年输入墨西哥湾的泥沙多达21 100多立方米。由于东、西支流含沙量的差异，每到洪水季节，东西两侧泾渭分明。

密西西比河水系上、中、下游流经的地形不同，因此各段的河岸地貌和水文特征也很不同。密苏里河上游，流经疏松的黄土地带，落差大，水流急，河床下切显著，形成许多风光秀丽的峡谷和激流瀑布。密西西比河上源的伊利诺斯河，水流平缓，河流沿线湖泊星罗棋布；密西西比河的中、下游河段，由于流经广大的平原地区，河流比降很小，河道迂回曲折，水流平缓，泥沙大量沉积，形成宽广的河漫滩；在河口处，形成东西宽360多千米、面积达37 000多平方千米的三角洲。由于大量泥沙的沉积作用，在三角洲的南端形成长条状的沙嘴，长30多千米，延伸到墨西哥湾中，在其末端又分成6股汊流，形如鸟爪，因而有"鸟足三角洲"之称。近年来，随着新的沉积，三角洲不断扩大，鸟足三角洲已不大明显。现在，三角洲仍以每年平均100米的速度向海湾延伸。

密西西比河流域的地质和自然地理基本上就是北美洲内陆低地和大平原的地质和自然地理，其边缘也达到落基山脉和阿巴拉契亚山脉，北面也触及加拿大（劳伦琴）。

密西西比河及其支流，自古以来就哺育了沿河两岸的人民。美国著名作家马克·吐温曾经描写过这条古色古香的老人河，河口有无垠的棉花三

密西西比河三角洲

角州，河上有壮美欢快的歌舞表演队。赞美它的美丽富庶："纬度、海拔、雨量，三者相合，使密西西比河流域每一部分都能供养稠密的人口。"密西西比河流域是美国农、牧业最发达的地区。

密西西比河具有极大的航运价值，自从美国开始垦殖以来，一直是重要的南北航运大动脉。密西西比河除干流以外，还有40多条支流可以通航，干支流总通航里程达29 000多千米，是世界上内河航运最发达的水系。河流沿岸形成许多货物集散中心，如圣路易斯城，就是美国最大的内河航运中心和铁路枢纽。圣路易斯港，在长达110多千米的河港岸线上，修建了80多座现代化码头，年吞吐量可达2 200多万吨。由于圣路易斯有便利的交通和广阔的经济腹地，附近又有丰富的煤、铁资源，现在已形成美国北方的工业区，是重要的工业中心之一。圣路易斯是美国第二大汽车城，也是美国最大的飞机制造业——麦克唐纳—道格拉斯总部所在地，又是美国中部最大的铁路枢纽城市之一。孟菲斯是密西西比平原上最大的农畜产品集散地，现在该城有农业机械、制药以及农产品加工工业等。下游三角洲上的新奥尔良是美国最大的贸易港之一，它承担着来自世界各地的物资中转任务。每个港区都设有现代化的指挥中心和装卸设备。新奥尔良还是美国南部著名的旅游城，城中

的名胜古迹及亚热带公园以及遗留下来的法国文化等，吸引着国内外的众多旅游者。

在密西西比河流域，还兴修了许多运河，与五大湖及其他水系相连，形成一个很大的内河航运网，承担着全国 1/2 的内陆水运货物的周转量。从密西西比河的圣路易斯城，北经伊利诺斯运河通往五大湖，再经圣劳伦斯河东达大西洋，南出河口通往墨西哥湾，几乎可以驶遍大半个美国。因此，人们又将密西西比河称为"内河交通的大动脉"。在下游的新奥尔良，经过 1 800 多千米的岸内水道，向东可达佛罗里达半岛的南端，向西可达墨西哥边境。

密西西比河不仅航运发达，而且有丰富的水能，其蕴藏量可达 2 600 多万千瓦。目前，东岸支流水力开发比较普遍。如俄亥俄河及其支流，其中以田纳西河水电站最为著名。

密西西比河及其洪泛平原共哺育着 400 多种不同的野生动物资源，北美地区 40% 的水禽都沿着密西西比河的路径迁徙。虽然密西西比河谷本身的自

黑额黑雁

然植被是气候和土壤而不是河的产物，密西西比的沼泽和回水区在生态学上却很值得注意。从明尼苏达的菰沼泽开始到三角洲地带的海岸沼地，动植物繁盛的小片地区在河流沿线屡见不鲜。在这些地区，繁茂的自然植被、相对独立的自然环境以及由莎草、水池草和黍类等提供的植物，为水禽提供了良好的栖居地。这些鸟随季节沿河上下迁徙的路径，被人们称为密西西比飞行之路。据估计，总数达 800 万只的鸭、鹅和天鹅冬天集聚在飞行之路的下游，还有更多的其他鸟经由这条路飞向拉丁美洲。飞行之路上最为典型的候鸟有黑额黑雁和小雪雁，大量的绿头鸭和水鸭，还有黑鸭、赤颈鸭、针尾鸭、环颈鸭以及蹼鸡。

河里最重要的鱼有几种鲇鱼（在中下游地区的几种鲇鱼可以长得相当大），有鼓眼鱼和亚口鱼（上游盛产这些鱼，它们为明尼苏达和威斯康辛州的垂钓运动提供了基础）；还有鲤鱼和欧洲腭针鱼。钝吻鳄现在已极少，只有在最冷僻的回水域才会见到。咸水区的虾、蟹捕捞也在下滑。

知识点

径 流 量

水文上指一定时段内通过河流某一断面的水量，如日平均流量、月平均流量、年平均流量等。径流量有两种，一种是地表径流，一种是地下径流。在某时段内通过的总水量叫做径流总量，如日径流总量、月径流总量、年径流总量等。径流量以立方米、万立方米或亿立方米计。多年平均径流量指多年径流量的算术平均值。以立方米/秒计。用以总括历年的径流资料，估计水资源，并可作为测量或评定历年径流变化、最大径流和最小径流的基数。

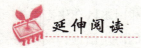 延伸阅读

墨西哥湾

墨西哥湾位于北美洲大陆东南沿海水域，部分为陆地环绕。因濒临墨西哥因而得名墨西哥湾。通过佛罗里达半岛和古巴岛之间的佛罗里达海峡与大西洋相连，并经由犹加敦半岛和古巴之间的犹加敦海峡与加勒比海相通。墨西哥湾呈半圆形，东西长约1 609千米，南北宽约1 287千米，面积154.3万平方千米，是仅次于孟加拉湾的世界第二大海湾。海湾的东部与北部是美国，西岸与南岸是墨西哥，东南方的海上是古巴。

墨西哥湾沿岸曲折多湾，岸边多沼泽、浅滩和红树林。海底有大陆架、大陆坡和深海平原。北岸有著名的密西西比河流入，把大量泥沙带进海湾，形成了巨大的河口三角洲，密西西比河三角洲外还有水下冲积扇。沿海多沙质海岸，有沙嘴、沙洲、沙堤，沙堤与海岸间还形成一系列潟湖和小湾。墨西哥湾沿岸有休斯敦、新奥尔良、坦帕、坦皮科、哈瓦那等重要港口。

科罗拉多河

科罗拉多河发源于落基山西坡，流经大盆地和科罗拉多高原，注入太平洋加利福尼亚湾，全长2 190千米，流域面积59万平方千米，大部分在美国境内。流域内气候干旱，年降水量一般不足250毫米，沿途为数不多的支流多系间歇性河流，主要由于落基山区融雪和降水的补给，科罗拉多河才成为一条源远流长的常流河。对流经的干旱区来说，实际上是过境河，所以人们称它为"美洲的尼罗河"。

在科罗拉多高原上的中游河段，由于高原抬升和河流强烈下切，形成一系列深邃的峡谷。其中以大峡谷最为壮观，被誉为"自然界的奇迹"。

第一次亲临科罗拉多大峡谷，你不能不被它的鬼斧神工所震慑。整个峡谷像一座巨型雕塑博物馆，各种怪石，或如宫殿，或如碉堡，或如列队而立的士兵，或如凌空奔驰的野兽。据介绍，峡谷岩石的颜色具有多变性，在阳光与云影的对峙中，在晨曦与晚霞的辉映中，在明月清光下，在雨后彩虹的渲染里，那峡谷中的崖岩、怪石、溪流、瀑布会显现出多姿多彩的神态。

大峡谷长达 4 400 千米，宽从 200～30 000 千米，最深处达 1 830 米。峡谷顶宽底窄，谷壁陡直，整个大峡谷好像被天神之斧劈开而成。大峡谷两壁整齐地排列着一层层的水平岩层，自下而上由老渐新，在这里可了解到 20 亿年来地质历史的变化，是一部活的地质历史教科书。

由于地形复杂多样，河床宽窄不一，深浅差异悬殊，因而河水流经大峡谷，有时汹涌澎湃，似欲吞噬一切，有时又分成千万条细流沿一级级"台阶"奔流而下，形成壮观的大瀑布。如果说大峡谷是由多姿多彩的岩石构成，那么，漱玉般的流水便仿佛是它的灵魂。

大峡谷也是一个庞大的野生动物园。据统计，大峡谷中的鸟类、哺乳动物和冷血动物多达 400 多种，而各种植物竟多达 1 500 种。

大峡谷的发现和探索可以追溯到 1540 年。那一年西班牙人的马队从墨西哥出发向北，穿过茫茫沙漠，在大峡谷发现了印第安人的居住场所。17 世纪初，西班牙王

科罗拉多河

国衰落，把它在美洲的殖民地交给墨西哥。1842 年，美墨战争后，墨西哥把包括大峡谷在内的大片土地割让给美国。1869 年，留着胡子的矮个子少校鲍尔，率领一些人乘船从科罗拉多河上游顺流而下，企图穿过整个峡谷地带，探索其全部秘密。这是大峡谷历史上空前的探险壮举，充满着危险，连在峡

科罗拉多大峡谷

谷内长期居住的印地安人也劝告说，此行凶多吉少。但鲍尔少校力排众议，坚持前往。13周后，鲍尔少校及其船队终于出现在峡谷的另一端，他们用坚韧不拔的毅力走出"死亡谷"以后，把大峡谷的秘密公之于世。

现在，每年去大峡谷游览的人络绎不绝。他们或乘坐直升飞机，从空中鸟瞰；或骑毛驴，沿着崎岖山路在谷底漫游；或坐着木船、木筏，冲过急流险滩，向死神挑战；或结队在谷内步行，夜宿于随身携带着的帐篷，聆听野兽的嚎叫、凄厉的风声和潺潺的流水声，体验谷底居民的感受。

科罗拉多河水量不大，由于蒸发旺盛和灌溉损耗，愈向下游水量愈减，在近河口的尤马处年平均流量仅 700 立方米/秒。流量季节变化很大，洪水期（初夏）和枯水期（冬季）的流量相差 30 倍左右。但是科罗拉多河水，对于中下游干旱区来说，则是一项宝贵的水源。科罗拉多河还以含沙量高著称，河流挟带大量的碎屑物质使水混浊而呈暗褐色，科罗拉多在西班语中意为"染色"。估计每年输送入海的泥沙超过 1 600 万吨，河口因此不断向前推移，目前三角洲面积已达 8 600 平方千米。

知识点

枯水期

　　亦称枯水季。指流域内地表水流枯竭，主要依靠地下水补给水源的时期。在一年内枯水期历时久暂，随流域自然地理及气象条件而异。

延伸阅读

科罗拉多高原

　　科罗拉多高原是美国唯一的一个沙漠高原，位于美国西南部，面积30多万平方千米。东起科罗拉多州和新墨西哥州的西部，西迄内华达州的南部，科罗拉多河贯穿整个高原。经科罗拉多河及其支流的冲蚀，科罗拉多高原形成多条深邃的峡谷。

　　科罗拉多高原地势高峻，主要由古生代、中生代和新生代平展的岩层和熔岩构成。气候干旱，年降水量250～500毫米。植被以干草原和半荒漠为主，较高处有针叶林。经济以牧业为主，兼有采矿业与林业。建有多处国家公园、国家纪念地和国有林区。

库拉河

　　库拉河是位于高加索地区的一条河流，是一条国际河流，发源于土耳其东北部卡尔斯省境内安拉许埃克贝尔山西北坡，在土耳其境内该河叫科拉河。河流先由西朝东北流，后转向东南流，流经格鲁吉亚，然后进入阿塞拜疆，与阿拉斯河汇合，最后注入里海。河流全长1 515千米，流域面积19.83万

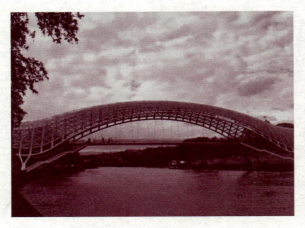

库拉河

平方千米，河口多年平均流量 575 立方米/秒，径流量 181 亿立方米。库拉之名源于突厥语。

库拉河支流众多，主要有左岸的阿拉扎尼河、阿拉格瓦河等，右岸的阿拉斯河、杰别德河、沙姆浩尔河等。

阿拉斯河位于外高加索，是库拉河的最大支流，在亚美尼亚、阿塞拜疆，该河又称阿拉克斯河。河长 1 072 千米，流域面积 10.2 万平方千米。该河发源于土耳其境内的宾格尔山脉坡地，后流经亚美尼亚、伊朗、阿塞拜疆诸国，该河大部分河段为上述四国间的界河。上游是山地河流，大部分在狭窄的峡谷中流淌。阿胡良河从左侧注入以后，河谷扩宽，河流进入阿拉拉茨平原，并分成了许多河汊。纳希切万恰亚河注入后，阿拉斯河开始进入深谷地段，最后流进库拉—阿拉克辛低地，在距库拉河河口 240 千米处的萨比拉巴德城附近注入库拉河。阿拉克斯河的河水补给以地下水和雪水为主。流域降水不多，因而水量较小。阿拉斯河流域的河流多经无林山地，挟带大量悬移质泥沙，其年均输沙量约 1 600 万立方米。主要支流有：左岸的阿胡良河、拉兹丹河、阿尔帕河、沃罗坦河、巴尔火沙德河等；右岸的科图尔河、卡拉苏河等。

塞凡湖是阿拉斯河流域最大的湖泊，位于亚美尼亚火山高原上，湖泊面积 1 416 平方千

阿拉斯河

米，最大深度为 100 米。塞凡湖汇聚着来自阿列贡尼、塞凡、格加姆和瓦尔捷尼诸山脉的水。自塞凡湖流出的拉兹丹河，注入阿拉斯河。

阿拉扎尼河位于格鲁吉亚和阿塞拜疆境内（其中一部分为两国国界），发源于大高加索山脉的南坡，注入库拉河上的明盖恰乌尔水库。河流全长 351 千米，流域面积 10.8 万平方千米，年平均流量约为 98 立方米/秒，径流量 30.8 亿立方米。

塞凡湖

库拉河流域位于大高加索以南，在东经 41°5′～49°、北纬 38°～42°5′之间。流域大部分为亚美尼亚火山高原和大小高加索山脉所盘踞，小部分为库拉—阿拉克辛低地。在博尔若米峡谷以上的上游地区，库拉河奔流在山间盆地与平原交替出现的河谷中，自博尔若米峡谷到第比利斯市的中游地段，河流基本上在平原上流动。第比利斯以下，河床在局部地区被分成一些河汊，河谷扩宽：右侧是博尔恰林平原，左侧是干涸的卡拉亚兹草原。在明盖恰乌尔村附近切穿最后的峡谷——博兹达格峡谷，然后进入库拉—阿拉克辛低地，并直抵里海。此段河流蜿蜒曲折。

在库拉河中游有来自大高加索山脉南坡的阿拉格瓦河、阿拉扎尼河和发源于亚美尼亚火山高原和小高加索山脉的无数右岸支流汇入。

在距河口 236 千米处，接纳了其最大支流阿拉斯河。注入里海时，库拉

河形成了面积为 100 平方千米的三角洲。三角洲一年要向里海推进 100 米。

　　库拉河流域位于温带和亚热带的交界处。1 月平均气温 4℃左右，7 月的平均气温 25℃左右。流域年降水量约 300 毫米左右。河水补给比例是：融雪水占 36%，地下水占 30%，雨水为 20% 左右，冰川补给为 14%。春季（4～6 月）的径流量占年径流量的 44%～62%（4～5 月），夏季（7～9 月）占 12%～23%，秋季（10～11 月）占 4%～16%，冬季（12～3 月）占 9%～24%。

　　库拉河及其山地支流由于落差很大，所蕴藏的水能资源丰富。现在，在库拉河干流上已建有奇塔赫维、泽莫阿夫查尔、奥尔塔恰拉以及明盖恰乌尔等水电站，支流上也兴建了一些水利工程。

知识点

东　经

　　首先解释一下经度，经度是指通过某地的经线面与本初子午面所成的二面角。自 0°经线（本初子午线）向东度量的经度，称为东经度，东经是东经度的简称。相反，在本初子午线的西面的经度，称为西经。东经用"E"表示，西经用"W"表示。经度的每一度被分为 60 分，每一分被分为 60 秒。一个经度因此一般看上去是这样的：东经 25°26′30″。更精确的经度位置中秒被表示为分的小数，比如：东经 25°26.5′。

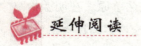
延伸阅读

外高加索

　　外高加索地区位于欧亚大陆腹地，指高加索山脉以南格鲁吉亚、亚美尼亚、阿塞拜疆三国所在地区。外高加索以山地为主，3/5 的地区海拔在 600

米以上。黑海沿岸低地为亚热带气候，年降水量达 2 500 毫米；里海沿岸气候干燥，仅 200～300 毫米。主要河流有库拉河、因古里河和里奥尼河，水力资源丰富。矿藏有石油、煤、锰、铜等。

巴拿马运河

　　介于北美大陆和南美大陆之间的中美地峡，原来像一条天然的大坝，横卧在两大洋之间，隔断了太平洋与大西洋的来往。过去，轮船想要从地峡东岸驶往地峡西岸，必须向南绕过南美洲南端的麦哲伦海峡，要航行 10 000 多千米才能到达。20 世纪初，在这里建成了一条著名的人工运河，这就是巴拿马运河，它把太平洋和大西洋沟通起来，成为世界上重要的"水桥"。

　　巴拿马地峡狭窄而弯曲，在它的东西两侧，分别有一列西北—东南向的山脉，它们的末端错开着形成一个缺口，宽度 67 千米，占据其间的是坡度陡峭的圆丘，最高点的海拔不过 87 米，地峡的东西两岸，景色显然有别，面向加勒比海的东岸，雨量丰沛，满布着葱郁的热带雨林；面向太平洋的西岸，雨量显著减少，出现的是半落叶森林，有的地方，甚至代之以热带稀树草原。

　　在西班牙殖民主义者于 1500 年 10 月根据哥伦布制定的路线第一次到达巴拿马地峡之前，这里是印第安人休养生息的乐园，他们是这里的真正主人，辛勤劳作，产生了相当发达的

巴拿马运河

农业和手工业，学会了算术，知道了如何建造吊桥和铺路，创造了古老的巴拿马文化。

欧洲殖民主义者给巴拿马人民带来浩劫，大批印第安人被杀或当牲畜一样赤身裸体地被牵到市场上出卖，大量财富被抢掠，殖民主义者的"文明"给印第安人带来了灾难和毁灭，同时也激起了当地人民的反抗，斗争此起彼伏，连绵不断，长达三个多世纪，直到1821年11月28日巴拿马从西班牙殖民主义的统治下获得独立，并加入了博利瓦尔在1919年建立的大哥伦比亚。

由于巴拿马地峡处于两大洋的战略地位，西班牙在1814年就提出了开凿运河的设想，但没有付诸行动。后来，美国排除了其他国家在巴拿马的势力，于1902年向哥伦比亚政府提出开凿运河和永久租借运河两岸各三英里的无理要求，遭到了哥伦比亚国内人民的强烈反对，议会拒绝了美国的要求。但是，在1903年11月3日当巴拿马宣布脱离哥伦比亚独立后不久，首任总统阿马多率领一个代表团前往美国访问，美国收买混进新政府充任巴拿马驻华盛顿公使的布诺瓦里亚，抢先草拟了运河条约，并在11月18日阿马多总统到达华盛顿前两小时，由美国国会通过了这个条约，造成了既成事实。在美国的压力下，同年12月2日，巴拿巴给美国永久占领、使用、控制运河区的权利，美国像主权所有者那样，在运河区拥有一切权利和权威，而美国为此仅仅付给巴拿马1 000万美元的所谓代价，并规定9年后每年再付款25万美元。

巴拿马运河处在一个陷落地带，那里原是一个沼泽纵横、丛林密布、疟疾和黄热病猖獗的地区，开凿运河工程艰巨，劳动条件十分恶劣。据统计，从1880年开工到1914年8月15日完工，共挖土方2.1亿立方米，参加工程的不仅有当地的印第安人，还有从非洲贩卖来的黑人、从南欧和东南亚招来的劳工，其中包括大批中国人。有7万多名工人为运河的建造献出了生命，几乎是一米长的距离就夺去一条生命，因此，人们称运河两岸为"死亡的河岸"。

巴拿马运河全长81.3千米，河宽91～304米，水深13～26米。虽然太平洋位于大西洋的西面，但是沟通两大洋的运河并不是东西走向。自太平洋通过运河到大西洋时，轮船反而自东南向西北航行。当船到达大西洋岸时，它的位置反而比在太平洋岸时更偏西了。这种有趣的现象是因为巴拿马运河附近的地峡基本上成西南—东北走向。

巴拿马运河不是一条海平面式的运河，除两端一小段外，大部分的运河河段的水面高出海面 25 米，船只通过运河好像越过一座水桥，必须在靠近入口处经过三道水闸，升高 25 米，然后在靠近出口处再经过三道水闸下降到海面的高度。这种运河叫水闸式运河。巴拿马运河为什么不修成海平面式的，而修成水闸式的呢？原来巴拿马地峡是愈向北愈狭窄，每天涨潮时，海面上升的幅度很大，约达 7 米；高潮时，太平洋的水位要比加勒比海岸的水位高出 5～6 米。在这种情况下，就是采用海平面式的运河，也必须在它的两端修建水闸，来调整水位，否则在涨潮时，船只是很难通过运河的。

巴拿马运河航行设备齐全，昼夜均可通航，四五万吨级的船只在运河中能够畅通无阻。通过运河的时间一般需 15～16 小时。运河的开通使两大洋沿岸航程缩短了 5 000 多千米。例如，从美国纽约到日本横滨，经过巴拿马运河比绕麦哲伦海峡，航程缩短 5 320 多千米；从纽约到加拿大西部的温哥华，可缩短 12 500 千米。据统计，每年有 60 多个国家的 15 000 多艘轮船通过运河，不愧是"大洋之桥"。

知识点

地 峡

地峡是连接两块较大陆地或较大陆地与半岛间的狭窄地带。前者如连接亚、非两洲的苏伊士地峡，连接南、北美洲的中美地峡；后者如连接中南半岛与马来半岛的克拉地峡，连接乌克兰与克里米亚半岛间的彼列科普地峡等。地峡便于开凿运河以沟通两侧海洋，如已建成的苏伊士运河与巴拿马运河等。

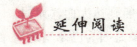

延伸阅读

中美地峡

中美地峡位于墨西哥以南、哥伦比亚以北的美洲中部狭长地带，东临大西洋的加勒比海，西濒太平洋，是连接北美大陆和南美大陆的天然桥梁。总面积约54万平方千米。除巴拿马的巴拿马运河以东部分外，都在北美洲。中美地峡在世界海陆交通上具有重要地位，该地区有7个国家：危地马拉、伯利兹、洪都拉斯、萨尔瓦多、尼加拉瓜、哥斯达黎加和巴拿马。中美地峡各国的经济以农业为主，盛产香蕉、咖啡、甘蔗、棉花、剑麻、可可及烟草、谷物等，此外，还有着广袤的森林，畜牧业也很发达。

刚果河

刚果河又称扎伊尔河，是非洲和世界著名的大河，源自赞比亚北部高原东北的谦比西河，最后注入大西洋。刚果河流域的水能蕴藏量居世界首位，占世界已知水力资源的1/6。刚果河全长约4 640千米，为非洲第二长河。流域面积约370万平方千米，年平均流量为41 000立方米/秒，最大流量达80 000立方米/秒。

刚果河发源于东非高原，干流流贯刚果盆地，呈一大弧形，两次穿过赤道，最后沿刚果民主共和国和刚果共和国的边界注入大西洋，总体流向自西向东。其中60%在刚果民主共和国境内，其余面积分布在刚果共和国、喀麦隆、中非、卢旺达、布隆迪、坦桑尼亚、赞比亚和安哥拉等国。河口年平均流量41 800立方米/秒，年径流量13 026亿立方米，年径流深342毫米。其流域面积和流量均居非洲首位，在世界大河中仅次于南美洲的亚马孙河，居第二位。在非洲其长度仅次于尼罗河，而流量却比尼罗河大16倍。

刚果河支流密布，沿途接纳的主要支流，右岸有：卢库加河、卢阿马河、埃利拉河、乌林迪河、洛瓦河、阿鲁维米河、伊廷比里河、蒙加拉河、乌班吉河、桑加河等，左岸有洛马米河、卢隆加河、鲁基河、开赛河、因基西河等。

因流域面积大，支流众多，流域处于热带雨林气候区，降水丰富，致使刚果河流量丰富，但刚果河的河床内有多处急滩和瀑布，阻碍了航运的发展，目前只能分段通航；且径流季节变化小（因地处热带雨林气候区，降水分配均匀）；含沙量小（流经湿润茂密的热带雨林地区）；落差大。

刚果河

刚果河中生活着许多种鱼，还有各式各样的爬虫类，其中以鳄鱼最为常见。

 **知识点**

热带雨林

一般认为热带雨林是指阴凉、潮湿多雨、高温、结构层次不明显、植物丰富的乔木植物群落。热带雨林主要分布于赤道南北纬5～10度以内的热带气候地区。

热带雨林是全球最大的生物基因库，也是碳素生物循环转化和储存的巨大活动库，被誉为"地球基因库"、"地球之肺"等。由于人类的滥砍滥伐，热带雨林急剧减少。热带雨林的保护已成为当前最紧迫的生态问题之一。

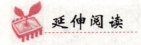 **延伸阅读**

大 西 洋

　　大西洋是世界第二大洋，古名阿特拉斯海，名称起源于希腊神话中的双肩负天的大力士神阿特拉斯。位于欧洲、非洲与北美洲、南美洲之间，北接北冰洋，南接南极洲，西南以通过合恩角与太平洋为界，东南以通过厄加勒斯角与印度洋为界。包括属海的面积为9 000多万平方千米，不包括属海的面积为8 600多万平方千米，已知最大深度为9 218米。大西洋东西两侧岸线大体平行。南部岸线平直，内海、海湾较少；北部岸线曲折，沿岸岛屿众多，海湾、内海、边缘海较多。岛屿和群岛主要分布于大陆边缘，多为大陆岛。开阔洋面上的岛屿很少。主要的岛屿和群岛有大不列颠岛、爱尔兰岛、冰岛、纽芬兰岛、古巴岛、伊斯帕尼奥拉岛及加勒比海和地中海中的许多群岛，主要的属海和海湾有加勒比海、墨西哥湾、地中海、黑海、北海、波罗的海、比斯开湾、几内亚湾、马尾藻海等。

尼罗河

　　尼罗河是一条流径非洲东部与北部的河流，与中非地区的刚果河以及非洲地区的尼日尔河并列非洲最大的三个河流系统。尼罗河是非洲诸河流之父，是一条国际河流。它发源于赤道南部东非高原上的布隆迪高地，干流流经布隆迪、卢旺达、坦桑尼亚、乌干达、南苏丹和埃及等国，最后注入地中海。干流自卡盖拉河源头至入海口，全长6 670千米，是世界上流程最长的河流。支流还流经肯尼亚、埃塞俄比亚和刚果民主共和国、厄立特里亚等国的部分地区。流域面积约287万平方千米，占非洲大陆面积的1/9以上。入海口处年平均径流量810亿立方米。

　　尼罗河有两条主要支流一条是源于东非赤道附近的白尼罗河和源于埃塞

俄比亚的青尼罗河，这两条支流场位于东非大烈谷的两侧。第一条不很重要的支流是阿特巴拉河，它只在下雨时流过埃塞俄比亚，而且此后很快就干枯了。尼罗河下游谷地河三角洲则是人类文明的最早发源地之一，古埃及诞生在此。至今，埃及仍有 96% 的人口和绝大部分工

尼罗河及其两岸

农业生产集中在这里。埃及人称尼罗河是他们的生命之母。因此，尼罗河被视为埃及的生命线。

早在 6 000 多年以前，埃及人的祖先就在尼罗河两岸繁衍生息。埃及流传着"埃及就是尼罗河"，"尼罗河就是埃及的母亲"等谚语。尼罗河确实是埃及人民的生命源泉，她为沿岸人民积聚了大量的财富，缔造了古埃及文明。在尼罗河沿岸就有大大小小的金字塔 70 多座，犹如一篇篇浩繁的"史书"，在这里蕴藏着人类文明的奥秘。近 6 700 千米的尼罗河创造了金字塔，创造了古埃及，创造了人类的奇迹。

尼罗河纵贯非洲大陆东北部，跨越世界上面积最大的撒哈拉沙漠，最后注入地中海。尼罗河，阿拉伯语意为"大河"。"尼罗，尼罗，长比天河"，这是苏丹人民赞美尼罗河的谚语。

尼罗河有很长的河段流经沙漠，河水水量在那里只有损失而无补给。由于河流的上源为热带多雨区域，那里有巨大的流量，虽然在沙漠沿途因蒸发、渗漏而失去大量径流，尼罗河仍然能维持一条长年流水的河道。像尼罗河这种不是由当地的径流汇聚而成，只是单纯流过的河，称为客河。当地的气候条件对这些"客河"的形成没有积极的作用，只有消极的影响。

尼罗河流域分为七个大区：东非湖区、高原山岳河流区、白尼罗河区、青尼罗河区、阿特巴拉河区、喀土穆以北尼罗河区和尼罗河三角洲。英国探

险家约翰·亨宁·斯皮克1862年7月28日发现了尼罗河的源头在维多利亚湖，当时计算河流全长为5 588千米，后发现最远的源头是布隆迪东非湖区中的卡盖拉河的发源地。该河北流，经过坦桑尼亚、卢旺达和乌干达，从西边注入非洲第一大湖维多利亚湖。尼罗河干流就源起该湖，称维多利亚尼罗河。河流穿过基奥加湖和艾伯特湖，流出后称艾伯特尼罗河，该河与索巴特河汇合后，称白尼罗河。另一条源出中央埃塞俄比亚高地的青尼罗河与白尼罗河在苏丹的喀土穆汇合，然后在达迈尔以北接纳最后一条主要支流阿特巴拉河，称尼罗河。尼罗河由此向西北绕了一个S型，经过三个瀑布后流入纳赛尔水库。

尼罗河有定期泛滥的特点，虽然洪水是有规律发生的，但是水量及涨潮的时间变化很大。产生这种现象的原因是青尼罗河和阿特巴拉河，这两条河的水源来自埃塞俄比亚高原上的季节性暴雨。尼罗河的河水80%以上是由埃塞俄比亚高原提供的，其余的水来自东非高原湖。洪水到来时，会淹没两岸农田，洪水退后，又会留下一层厚厚的河泥，形成肥沃的土壤。四五千年前，埃及人就知道了如何掌握洪水的规律和利用两岸肥沃的土地。很久以来，尼罗河河谷一直是棉田连绵、稻花飘香。在撒哈拉沙漠和阿拉伯沙漠的左右夹持中，蜿蜒的尼罗河犹如一条绿色的走廊，充满着无限的生机。

埃及金字塔

尼罗河流域是世界文明发祥地之一，这一地区的人民创造了灿烂的文化，在科学发展的历史长河中作出了杰出的贡献。突出的代表就是古埃及。提到古埃及的文化遗产，人们首先会想到尼罗河畔耸立的金字塔、尼罗河盛产的纸草、行驶在尼罗河上的古船和神秘莫测的木乃伊。它们标志着古埃及科学技术的高度，同时记载并发扬着数千年文明发展的历程。

稳定持久的尼罗河文明即古埃及文明，产生于约公元前 3000 年。埃及位于亚非大陆交界地区，在与苏美尔人的贸易交往中，深受激励，形成了富有自己特色的文明。

尼罗河流域与两河流域不同，它的西面是利比亚沙漠，东面是阿拉伯沙漠，南面是努比亚沙漠和飞流直泻的大瀑布，北面是三角洲地区没有港湾的海岸。在这些自然屏障的怀抱中，古埃及人可以安全地栖息，无须遭受蛮族入侵所带来的恐惧与苦难。

努比亚沙漠

 知识点

谷　地

谷地是指由两侧正地形夹峙的狭长负地形，常有坡面径流、河流、湖泊发育，陡峻的谷地可能有泥石流，在等高线地形图上表现为一组向高处突出的等高线。

谷底有几种类型：

山谷：山地中较大的条形低凹部分，主要构造作用流水或冰川等侵蚀的结果。

溪谷：指小的谷地，两侧为山丘或小山丘，中间为泉水或溪流构成的地形。此类地形分布于岗地、低山丘陵地区，多表现为小的山坡地形。

河谷：流河所流经的长条形凹地。包括谷坡和谷底两部分。谷坡是河谷两侧的斜坡，有时有河流阶地，谷底通常可分河床，河漫滩两部分山区河谷多半谷形窄深、谷形多半宽浅、除河床外、还有宽阔的河漫和阶地，河谷有主河谷支河谷区别，主要由河流作用而成，还受风化重力、坡面水流和沟谷水流等作用。

峡谷：一种狭面深的河谷，两地陡峭，横剖面呈"V"字型，多发育在新构造运动强烈的山区，由河流强烈下切而成。

断层谷：指断层作用下，形成一道与断层线平行的谷地。

冰蚀谷：指冰蚀速度在主流较于支流快速，形成支流悬在主流的河崖上，呈现支流是以瀑布流入主流。

冰斗：山地冰川侵蚀而成的围椅凹地，三面环形高 200～300 米的陡崖，开口处为一高起的岩槛，称"冰槛"，底部低洼。

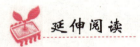

延伸阅读

地中海

地中海是世界上最古老的海之一，也是世界最大的陆间海，被欧洲大陆（北面）、非洲大陆（南面）和亚洲大陆（东面）包围着，东西共长约 4 000 千米，南北最宽处大约为 1 800 千米，面积约为 250 万平方千米。地中海平均深度 1 450 米，最深处 5 092 米。地中海的沿岸夏季炎热干燥，冬季温暖湿润，被称做地中海式气候。

赞比西河

赞比西河又被称为利巴河，是非洲流入印度洋的第一大河。它的长度、流域面积都居非洲河流的第四位，但它的流量则仅次于刚果河而居非洲第二位。

赞比西河

赞比西河发源于安哥拉东北边境的隆大—加丹加高原，向南流入赞比亚境内。源地为起伏轻微的准平原地形，在雨季时，赞比西河及其支流的上源，洪水漫溢，形成大片沼泽，并与刚果河干支流的上源所形成的沼泽互相连通，呈现出一种独特的地理景观。

赞比西河上游和中游，山高谷深，水流湍急，有大小 72 道瀑布。其中，最著名的是莫西奥图尼亚（维多利亚）瀑布。

莫西奥图尼亚大瀑布位于赞比亚和津巴布韦交界处附近深达 240 米的巴托卡峡谷。它宽达 1 800 米，落差 122 米，从 100 多米的高处倾泻而下，落进 30 米宽的斯迈特山谷，仿佛一幅巨大的水帘，凌空降落；又像一条白练，悬挂天边。流水冲击着谷底的岩床，发出雷鸣般的吼声，激起的浪花水雾，被风吹扬到几百米的高空。弥漫的水雾在太阳光的照耀下，形成一条绚丽多彩、经久不散的彩虹，飞架于大瀑布和对面的峭壁之间，其景色蔚为壮观。

1885 年，英国探险家利文斯敦在赞比西河旅行时，发现了莫西奥图尼亚瀑布，并用英国女王"维多利亚"的名字给它命名。其实，当地人早就给这

莫西奥图尼亚大瀑布

个瀑布命名为"莫西奥图尼亚"了。这个名字的班图语意思是"声若雷鸣的雨雾";又叫它"晓恩格维",意思是"沸腾的镬";还叫它"琼韦"和"西盎果",都是"彩虹之家"的意思。

赞比西河涨水时期,流过瀑布的水量每秒可达5 000多立方米,每天的流量是4亿多立方米。如果用这些水来发电,可以满足赤道以南非洲各国的工业和民用的需要。

赞比西河的中游水道呈现向北弯曲的弧形,南侧支流流程较短,集水面积较小;北侧支流流程较长,集水面积较大。主要支流有卡富埃河和卢安瓜河。

赞比西河下游有一条从北侧而来的大支流,名叫希雷河。它源于马拉维湖,在进入平原区以前,切割高原而形成一系列的峡谷、险滩和瀑布。

赞比西河流经干、湿气候区,流域内降水量较热带多雨区少,东部接近海洋,比较湿润;西部则比较干燥。流域西南部已靠近干旱气候区,有些支流已成为季节性河流。

由于气候有明显的干湿季,河流流量也有季节变化。夏天雨季是赞比西河的丰水期,而冬天则是枯水期。因为各河段的雨季有先有后,所以洪水期的出现也就有早有晚。上游各支流多在北侧,源地雨季开始较早,洪水期出现在2～3月;中下游则延至4～6月。洪水期与枯水期的流量差别很大,最大流量是最小流量的10倍以上。

赞比西河由于多急流、多瀑布,所以只能分段通航,航运的意义不大。

QIMIAO DE JIANGHE HUPO

沼　泽

　　沼泽通常是指地表过湿或有薄层常年或季节性积水，生长有喜湿性和喜水性沼生植物的地貌。广义的沼泽泛指一切湿地，狭义的沼泽只强调泥炭的大量存在。地球上最大的泥炭沼泽区在俄罗斯西伯利亚西部低地，它南北宽约800千米，东西长约1 800千米，这个沼泽区约堆积了地球泥炭的40%。另外，欧洲和北美洲北部也分布有沼泽地。我国的沼泽主要分布在东北三江平原和青藏高原等地。由于水多，致使沼泽地土壤缺氧，在厌氧条件下，有机物分解缓慢，只呈半分解状态，所以多有泥炭的形成和积累。又由于泥炭吸水性强，致使土壤更加缺氧，物质分解过程更缓慢，氧分也更少。因此，许多沼泽植物的地下部分都不发达，其根系常露出地表，以适应缺氧环境。沼泽植被主要由莎草科、禾本科及藓类和少数木本植物组成。

加丹加高原

　　加丹加高原是中非高原的一部分，是刚果河和赞比西河流域的分水岭。海拔1 000～1 500米。属热带草原气候，年降水量1 000～1 500毫米。矿产资源丰富。在高原的古砂岩中集结着以铜为主的多种金属矿，形成西北—东南向断续延伸的加丹加—赞比亚铜带，长约500千米，宽60～100千米，是世界闻名的"含铜砂岩"类型。

尼日尔河

尼日尔河是西部非洲最大的河流，也是非洲的第三大河。它发源于几内亚境内的富塔贾隆高原，靠近塞拉利昂边境地区的丛山之中，先向北流，在北纬18°处折而向东，成为向北突出的大弧形，后又转向东南，最后注入几内亚湾。干流先后流经几内亚、马里、尼日尔、尼日利亚等国，全长4 197千米，流域面积190万平方千米。

尼日尔河

尼日尔河河源地区属于几内亚的法腊纳省的科比科罗县，方圆约有47.7平方千米，与塞拉利昂接壤，距大西洋岸约241千米。这里属于丘陵平原地区，溪涧众多，河道深切，两岸丛林茂密。从法腊纳往西80千米，便是高山密林，古木参天，藤蔓绕枝，云遮雾障，莽莽苍苍，给人以神秘之感。据说，时至今日，这个地方还是人迹罕至，是一块未经开发的处女地。河源地区森林草地保护很好，水土流失少，河道水流澄清碧绿，含沙量小。

尼日尔河素以温顺、宁静著称，整个流域地势平缓，落差小，流速慢。据记载，河水从源地流到入海口，需时竟长达9个月。尽管如此，由于受到地壳运动、气候变迁以及河流本身的侵蚀和冲积作用的影响，尼日尔河的上、中、下游的河道宽窄、流量、流速，还是有很大的差别。

在它的上游，从发源地到马里首都巴马科一段，可以说基本上是平缓的，但从巴马科以下到凸向最北端的托萨耶滩，多系丘陵湖泊，河道中不乏险滩和沙洲，流速时缓时急，它最初注入马西纳湖，形成内陆三角洲。从托萨耶再向下流，河道中出现累累石滩，穿过河塔科腊山段，河道陡然变窄，形成峡谷，水流则扬波鼓浪，汹涌澎湃。往下，河道两岸尽是悬崖峭壁，成"U"形曲折迂回，地理学家将此段称为"U"区。冲过布崩山陵地带，河道中接连出现辛德尔群岛和库尔太群岛，河形大变，到尼日尔首都尼亚美附近，地势低洼，河水便漫无边际，好像一个个相连的湖泊，根本不像什么河流了。由此向下的河道，地理学家称之为"谷道"，它形成了尼日尔和贝宁的天然分界线。

在尼日利亚境内，尼日尔河河道受北高南低的地形影响，总的说来呈现顺流而下之势，尤其到科洛贾地区，与最大支流贝努埃河汇合后，水势更猛，流速更快，只是到了离海岸约160多千米处，与当地无数细小河流混合交错，形成河网密布、沼泽遍地的下游入海口三角洲，其水势被分散，其流速被削弱，复变成汩汩而流的宁静状态！

尼日尔河各段的流量，因受地形和降雨量的直接影响而大不相同，其上游水深5~6米，如法腊纳地区流域面积3 180平方千米，河长145千米，最大流量每秒376立方米，而到了几内亚与马里毗邻的锡吉里地区，流域面积扩大为70 000平方千米，河长为557千米，最大流量为6 870立方米/秒，最小流量为每秒35立方米，平均流量每秒1 150立方米。中游地区河水还受湖泊分水和蒸发的影响，水量的季节差更大。马里的塞占以下地区，每年雨季（6~10月），洪峰期平均流量为6 000立方米/秒；旱季（11月~翌年5月）平均流量降为40立方米/秒，几乎断流。

尼日尔境内的河道大多处于干旱地带，全年降雨量不过600毫米，而蒸发量高达2 000~3 000毫米，因此，尼日尔河系的时令性更为明显，大部分河流为季节性河流，有些河流只不过是地图上的符号而已。

基于同样缘由，在尼日利亚北部河水较小，而接近入海口三角洲地区，流量大而分散，每逢旱季，河道里沙洲片片，人们卷起裤管就可以涉水而过。

尼日尔河流域大部分地区是干旱和半干旱地区，经常受到干旱和风沙的威胁，特别是撒哈拉沙漠正以相当惊人的速度向南推移。西非历史上有无数次大规模干旱的记载：那时，河道干涸，湖泊枯竭，空中弥漫着浓重的干雾，吹拂着烫热的"哈马丹"风，地面上蒙着一层厚厚的尘埃，干旱扫光一切植

肆虐的"哈马丹"风

物，驱走了飞鸟和走兽，使植被覆盖率本来不高的大地寸草不生，热带稀树草原化为赤地千里。

为了改变这种情况，尼日尔河流域各国渴望开发尼日尔河的水利资源。早在1963年10月26日尼日尔河流域国家建立了国家间联合机构——尼日尔河委员会，其目的是为了加强、改进和协调它们之间在各项治理行动中的合作。

➤➤➤ 知识点

北　纬

首先解释一下纬度，纬度是指某点与地球球心的连线和地球赤道面所成的线面角，其数值在0°～90°。北纬是地球上纬度的一种，指从地球赤道平面向北量度的纬度，符号为N。自北纬0°～90°。从地球赤道平面向南量度的纬度称为南纬，符号S，自南纬0°～90°。纬度数值在0°～30°之间的地区称为低纬地区，纬度数值在30°～60°之间的地区称为中纬地区，纬度数值在60°～90°之间的地区称为高纬地区。

延伸阅读

几内亚湾

几内亚湾是世界最大的海湾，是大西洋的一部分，几内亚湾西起利比里亚的帕尔马斯角，东止加蓬的洛佩斯角。沿岸国家有利比里亚、科特迪瓦、加纳、多哥、贝宁、尼日利亚、喀麦隆、赤道几内亚、加蓬，以及湾头的岛国圣多美和普林西比。沃尔特河、尼日尔河、萨纳加河、刚果河和奥果韦河等河流的流入，为海湾带来大量的有机沉积物，经过数百万年时间形成了石油。大陆架平均宽不到 20 海里，其西部急剧下降到深 4 000 米的几内亚海盆，最深处达 6 363 米。主要港口有阿比让、阿克拉、洛美、科托努、拉各斯、杜阿拉和利伯维尔等。几内亚湾气候湿热，拥有丰富的动植物生态。

多瑙河

多瑙河是欧洲的一条美丽的大河，也是世界上著名的河流。由于它的秀丽多姿，人们给它取了不少动听的名字，称它"蓝色的多瑙河"和"明镜的多瑙河"。这些美丽的名称，表达了人们对它的无限爱慕和依恋。

多瑙河发源于德国西南部黑林山的东坡，向东流经德国、奥地利、斯洛伐克、匈牙利、塞尔维亚、罗马尼亚、乌克兰等国家，最后在罗马尼亚的苏利纳港附近，平缓地流入黑海。全长 2 850

多瑙河

千米，流域面积81.7万平方千米，平均每年入海水量可达2 030亿立方米。

多瑙河的著名，并不是由于它的长度，因为在世界上比它长的河流，至少还有20条。它的长度只及我国长江的1/2，比我国的雅鲁藏布江还要短些。但是，它却是世界上流经国家最多的一条重要的国际河流，又是东南欧国家的一条生命线。而且，它所带有的诗一般的音乐文化气息，是世界上其他任何河流都无法与之媲美的。

多瑙河是一条奇怪的河流。从黑林山发源地到苏利纳入海处，距离不过1 700千米，但是它却多走了1 100多千米，这是为什么呢？原因是它不断地改变流向，迂回曲折。它从发源地开始向东流，然后转向南方，渐渐又折向东南，快到终点时又向北冲去，最后几乎成直角东流入海。

从源头到奥地利的维也纳一段为上游，长约970千米。河流沿巴伐利亚高原的北部边缘自西向东流，经阿尔卑斯山脉北坡和捷克高原之间的丘陵山地到达维也纳盆地。这是一段典型的山地河流，河谷狭窄，河床是坚硬的岩石。汹涌的河水把高原和山地切割成一条很深的峡谷，两岸陡峭如壁。河床坡度大而且多浅滩和急流。上游支流很多，但干流的水文状况主要取决于来自阿尔卑斯山脉的几条较大的支流，如累赫河、伊扎尔河、因河等，它们都以冰川融水为主要补给来源，每年6～7月水量最大，到了冬季2月份水量最小。一般具有这种水量变化的河流，被称为阿尔卑斯型河流。

多瑙河上游的某些河段，几乎每年夏天都要断流。河水断流是由于河水通过深深的地表裂隙，流入地下洞穴，成为地下伏流的缘故。伏流从下游的另一个地方又会露出地面。这种情况在我国也有，特别是广西和

多瑙河中游沿岸建筑

云、贵一带，因为这些地方多属石灰岩地层。这种原因就使多瑙河具有很多奇特的现象。有的地方干涸无水，有的地方却又水深超过 50 米。在峡谷间，它的水面非常狭窄，不过百米，但有些地方河面却宽达 3 000 米。这在别的河流是罕见的。

从维也纳至铁门为中游，长约 970 千米。流经奥地利境内的多瑙河，景色如画一般的美丽。河流的左岸几乎都是遍覆森林的山脉，而右岸又是另外一番景色，阿尔卑斯山向北逐渐形成为丘陵性的平原。在维也纳以西，阿尔卑斯山的分支从南方迫近多瑙河，东坡的山林、菜地和葡萄园连成一片。维也纳盆地一片平野的景色，就在这里扩展开来。从古罗马时代起，这里就开始种植葡萄，酿造葡萄酒，有"葡萄酒之乡"的称号，奥地利的首都维也纳，就在这山林脚下山脉与河流交接的地方。维也纳是世界著名的"音乐之都"，已有 2 000 多年的历史，许多著名的音乐大师如海顿、莫扎特、贝多芬、舒伯特、施特劳斯等都长期停留在这里从事音乐创作活动，为维也纳生色增辉至巨。

布达佩斯

匈牙利的首都布达佩斯，是多瑙河上最大的城市，也是沿岸最古老最美丽的城市之一。布达和佩斯，本来是两个城市，它们像姐妹一样并立在河的两岸。右岸是山峦起伏的布达，左岸是平坦的佩斯。多瑙河在这里宽达700米，有8座大桥横跨在河上，把两座城市连接在一起。布达比佩斯古老，2000多年前，罗马人就曾在这里建筑过聚落。直到今天，那里还有一座古罗马剧院的遗址。1872年，布达和佩斯才合并到一起，定名为布达佩斯。

多瑙河中游因接纳了德拉瓦河、蒂萨河、萨瓦尔河和摩拉瓦河等支流，水量大增。春天，由于积雪融化，水位达到最高，并一直延续到夏季；夏末秋初，由于蒸发强烈，河水明显下降；秋季，由于蒸发减弱和雨水补给，水位再次上升；冬季，有的年份发生封冻，但封冻的时间不长。

铁门以下为多瑙河的下游。这一段河流横切喀尔巴阡山脉，形成了长达120千米的卡桑峡和铁门峡。这两个峡谷是多瑙河最难航行的河段，但水力资源都十分丰富。罗马尼亚、前南斯拉夫两国在铁门修建了铁门水电站。这个水电站1964年动工，1972年建成，拦河大坝高75.5米，长1 200米，发电量为210万千瓦。1976年，两国决定建设第二座铁门水电站，进一步开发多瑙河的水力资源。

多瑙河在铁门以下流经多瑙河下游平原，河谷宽阔，接近河口时河谷扩展到15～20千米，有的地段达28千米。下游河道虽没有中游那样弯曲，但河汊众多。在流入罗马尼亚境内后，水流速度明显减缓，愈接近黑海流得愈慢。在土耳其附近，多瑙河分成3条支流流入黑海，河道回曲环转，形成一个水网地带，这就是美丽富饶的多瑙河三角洲。

多瑙河三角洲面积为4 300多平方千米。早在6万年以前，这一地区还是碧波万顷的海湾。由于多瑙河每年挟带大量泥沙，年复一年在这里堆积，形成了河口三角洲。

多瑙河三角洲不同于其他河流的三角洲，由于地势低洼，4/5的面积都是水草沼泽地带。在这片广阔的水草沼泽地上，生长着密密丛丛的芦苇，这里是世界上最大的芦苇产地之一，是真正的"芦苇之乡"。芦苇是三角洲最大的一笔财富，分布面积占三角洲总面积的 1/4 以上，约 170 平方千米，年产量达 300 万吨以上，占世界芦苇总产量的 1/3。高达 3 米的芦苇丛布满三角洲的水面，长长的苇根深布地下，交织成 1 米多深的苇根层，有时狂风把整片的苇根层吹浮水面，形成"漂岛"。这些小岛不断移动，时而集合在一起，时而又各自分离。前一天还能通行的水道，第二天可能就阻塞不通了。如果在漂岛上行走，那将相当危险，一不留神就可能跌进 6～7 米深的水里。芦苇全身是宝，若将三角洲的芦苇充分利用，罗马尼亚每人每年可获得约 30 千克的人造纤维和 10 千克以上的纸。所以，芦苇被罗马尼亚人民亲切地称为"沙沙作响的黄金"。

多瑙河三角洲还被称为鸟类的"天堂"，鱼儿的世界。这里是欧、亚、非三大洲的候鸟会合地，也是欧洲唯一出产塘鹅和朱鹭等稀有鸟类的地方。在芦苇的保护下，300 多种鸟类自由自在地生活着，中国白鹭、鸬鹚、西伯利亚猫头鹰、蒙古冠鹅、白颈鹅等，每年都要到这里聚会，形成热闹非凡的壮丽景象。密如蛛网的河流湖泊，也是鱼儿的乐园，三角洲常见的鱼有 50 多种，其中还有名贵的鲱鱼、大白鲟等。

多瑙河三角洲

现代以来，由于多瑙河沿岸地区工业的迅速发展，河水也受到了污染。碧蓝的河水已不复存在，蓝色的多瑙河已成为过去。为此，多瑙河沿岸各国已经开始注意环境和生态的保护，愿多瑙河能早日恢复它那往日的"蓝色"。

QIMIAO DE JIANGHE HUPO

侵蚀作用

侵蚀作用是自然界的一种现象，是自然环境恶化的重要原因。由于水的流动，带走了地球表面的土壤，使得土地变得贫瘠，岩石裸露，植被破坏，生态恶化。侵蚀作用可分为风化、溶解、磨蚀、浪蚀、腐蚀和搬运作用。

 延伸阅读

黑 海

黑海是欧亚大陆的一个内海，因水色深暗、多风暴而得名。黑海外形椭圆，东西最长 1 150 千米，南北最宽 611 千米，中部最窄 263 千米，面积约42.4 万平方千米。黑海与地中海通过土耳其海峡相联。重要的流入黑海的河流有多瑙河和第聂伯河。沿海国家有土耳其、保加利亚、罗马尼亚、乌克兰、俄罗斯和格鲁吉亚。沿海重要城市有伊斯坦布尔、布尔加斯、瓦尔纳、康斯坦察、图尔恰、敖德萨、塞瓦斯托波尔、巴统等。

黑海在航运、贸易和战略上均具有重要地位，是联系乌克兰、保加利亚、罗马尼亚、格鲁吉亚、俄罗斯西南部与世界市场的航运要道。北部沿岸，尤其是克里米亚半岛，是东欧人的度假、疗养胜地。

莱茵河

翻开欧洲地图，莱茵河就像一条蓝色的大动脉，横贯中西欧辽阔的大地。

它全长1 360千米，流域面积为22.4万平方千米，是欧洲重要的国际河流，也是世界上货运最繁忙的内河航道。

莱茵河发源于瑞士阿尔卑斯山圣哥达峰下，流经瑞士、列支敦士登、奥地利、德国、法国、荷兰等6国，于鹿特丹港附近注入北海。从涓涓细流发端，莱茵河曲曲弯弯，逶迤向西北，先流入德国、奥地利、瑞士交界的博登湖，继而折向西，在瑞士境内

莱茵河

的沙夫豪森附近，形成落差达24米遐迩闻名的莱茵瀑布。每到夏季，这里水流湍急，雾气腾腾，蔚为壮观。莱茵河在瑞士的巴塞尔市流出瑞法边界，进入德国境内，奔腾数百千米后，便抵达德国名城美茵茨市，从此莱茵河进入中段。从美茵茨至科隆，这段长约180千米的河道，迂回曲折，两岸峰峦起伏，名胜令人目不暇接，古迹使人留连忘返，这段河流有一个广为盛传的美妙名字，即"浪漫莱茵河"。

莱茵河沿岸，每一处景点都有它引以为自豪的东西：或历史久远，或风光绮丽，或盛产美酒，或为重要码头……游人在这里可以领略到阿斯曼豪森猎堡的雄浑、巴哈拉赫小城的古朴、普法尔茨河心堡的奇特……

在德国的美茵茨，有一座突兀河口的米黄色的奇特塔楼，这就是赫赫有名的"鼠塔"。传说昔日美茵茨市曾生活着一名叫哈托的主教，此人富有但生性吝啬、歹毒。有一年闹饥荒，他家囤万担粮却舍不得拿出半点来救济濒于饿死的百姓，结果天怨人怒，就在鼠塔中被老鼠活活地咬死了。如今，鼠去楼空，但塔楼却年复一年、日复一日地为过往船只指引航向。在鼠塔对岸的山顶上，有一座高大醒目的巨型民族纪念碑。此碑是为纪念争取民族自由、

"鼠塔"

独立的英雄而修建的。始建于1877年，它高出河面225米，碑高38米，其上的雕像高达10.5米。

莱茵河上的"洛累莱"天险是最具传奇色彩的地方。莱茵河在这里宽仅120米，水深却达27米，浪高旋涡多，弯大山高，过往船只到这里忽似前去无路，大有一峰塞道，万舟难行的感觉。因浪急水深，使许多过往船只葬身河腹。过天险后，山回水转，河道又豁然开阔了。大名鼎鼎的女妖岩，伫立岸边，无言地观望着过往如织的大小船只。

莱茵河地处北纬45°~55°之间，受大西洋的影响，流域内大部分地方属于温带海洋性气候，年降水量在700~1 000毫米，并且季节分配均匀。水量丰富而稳定，支流众多，为航运提供了十分有利的条件。在1 360千米河道上，普通海轮可自河口上行到德国的科隆，5 000吨重的驳船可行至中游的曼海姆，3 000吨重的驳船队可驶达瑞士北部的巴塞尔。纵贯欧洲的大水道"莱茵—美茵—多瑙运河"建成后，莱茵河的航运更加发达。

莱茵河流域经济发达。河右岸的鲁尔区，是德国最重要的工业基地，曼海姆、科隆等是德国重要的工业中心，沿岸的巴塞尔、斯特拉

鲁尔区

斯堡分别是瑞士、法国的工业中心；鹿特丹是荷兰的工业中心。在这里，集中了钢铁、采煤、机械、化学、电力、汽车、军火制造等多种工业部门，而大量的货物运输，大部由莱茵河来承担。

　　莱茵河流经6国，其中瑞士、列支敦士登、奥地利3国都是内陆国，莱茵河对它们的重要性自不待言。就是另外的3个临海国，对莱茵河的依赖性也是很大的。法国腹地较深，东部沿河地区的货物，可以通过莱茵河及与塞纳河相通的运河运到西部地区。德国国土南北狭长，南货北运，莱茵河发挥了很大作用。至于位于下游的荷兰，更是得天独厚，享尽实惠。

流　域

　　流域是指由分水线所包围的河流集水区。分地面集水区和地下集水区两类。如果地面集水区和地下集水区相重合，称为闭合流域；如果不重合，则称为非闭合流域。平时所称的流域，一般都指地面集水区。每条河流都有自己的流域，一个大流域可以按照水系等级分成数个小流域，小流域又可以分成更小的流域等。另外，也可以截取河道的一段，单独划分为一个流域。流域之间的分水地带称为分水岭，分水岭上最高点的连线为分水线，即集水区的边界线。处于分水岭最高处的大气降水，以分水线为界分别流向相邻的河系或水系。分水岭有的是山岭，有的是高原，也可能是平原或湖泊。

北　海

　　北海是大西洋东北部边缘海，位于大不列颠岛、斯堪的纳维亚半岛、日德兰半岛和荷比低地之间。北海西以大不列颠岛和奥克尼群岛为界，北为设得兰群岛，东邻挪威和丹麦，南接德国、荷兰、比利时、法国，西南经多佛尔海峡和英吉利海峡通大西洋。北部以开阔水域与大西洋连成一片，东经斯卡格拉克海峡、卡特加特厄勒海峡与波罗的海相通。海区南北长965.4千米，东西宽643.6千米，面积57.5万平方千米。除靠近斯堪的纳维亚半岛西南端有一平行于岸线的宽约28~37千米，水深200~800米的海槽外，大部分海区水深不超过100米，南部浅于40米。

北海是世界上几大渔场之一，鲜鱼的产量占世界的一半，附近各国沿海人民均以渔业为主要工业。1958年，北海海底被英国、荷兰、德国、丹麦和挪威瓜分成几个油、气的勘探和开发区。

塞纳河

塞纳河从法国北部朗格尔高地（海拔471米）出发，向西北方向，弯弯曲曲，流经巴黎，在勒阿弗尔港附近注入英吉利海峡，全程仅776千米，包括支流在内的流域总面积为78 000多平方千米，塞纳河是法国四大河流中最短的一条，但是名气却最大。其排水网络的运输量占法国内河航运量的大部分。法国首都巴黎是在该河一些主要渡口上建立起来的，巴黎与塞纳河的相互依存关系是紧密而不可分离的。

由巴黎往东南方向行驶275千米，就到了塞纳河河源。在一片海拔470多米的石灰岩丘陵地的一个狭窄山谷里，有一条小溪，沿溪而上，有一个山洞，洞高120米，是人工修筑

塞纳河

的，门前设有栅栏。洞内有一尊女神雕像，她白衣素裹，半躺半卧，手里捧着一个水瓶，嘴角挂着微笑，神色安详，姿态优美，小溪就是从这位女神的背后悄悄地流出来。当地的高卢人传说，这女神名叫塞纳，是一位降水女神。塞纳河就以她的名字命名。考古学家据当地出土的木制人断定，塞纳女神最迟在公元前5世纪就已降临人间。

相传，女神来到人间不久，就遇到了竞争者。距河源不远的地方，有个村镇，镇内有个玲珑雅致的教堂，教堂墙壁上图文并茂地记载说：这里曾有个神父，天大旱，他向上帝求雨，上帝为神父的虔诚所感动，终于降雨人间，并创造了一条河流，以保证大地永无旱灾。这个神父是布尔高尼人，他的名字在布尔高尼语中为"塞涅"，翻译成法文即"塞纳"。于是，这个村镇和教堂都命名为"圣·塞涅"。因此，有人又认为塞纳河名字由这个神父而来。

塞纳河上游地区，地势较为平坦，水流平缓，有"安详的姑娘"的美称。塞纳河从东南进入巴黎，经过市中心，再由西南出城。塞纳河这位"安详的姑娘"，巴黎人称之为"慈爱的母亲"，说"巴黎是塞纳河的女儿"。塞纳河上的西岱岛，是法兰西民族的发祥地。

为了保证旅游发展，塞纳河上还有废物清理船，在万籁俱寂时，它伸开巨大的臂膀，将水面上的废物污垢，一扫而光，清洗了环境，净化了空气，使塞纳河永葆青春和姿色。

塞纳河流域是法国的重要经济区之一。这一经济区的特点是扬长避短，尊重传统，因地制宜，多种经营，种植业、采矿业和加工业都得到了发展。

塞纳河沿岸建筑

塞纳河流过巴黎地区，就进入上诺曼底地区。这时，河谷逐渐变得宽广，马恩河在巴黎从东注入塞纳河，使水量更加丰富，两侧山坡更加开阔平缓，

由于接近海洋，雨量充足，气候湿润，加上土质肥沃，是发展畜牧业的好地方。沿河两岸，牧场广布，牛群随处可见。

塞纳河自古就是水上交通运输的要道。从巴黎开始，特别是从上诺曼底塞纳河上的鲁昂港开始，可以看到塞纳河上船来船往，一片繁忙的运输景象。塞纳河流过上诺曼底进入下诺曼底不远，就在勒阿弗尔附近注入英吉利海峡。法国历史上不少著名的航海家，都是从这里启程，远航到非洲、美洲。塞纳河沿岸的港口众多，经过疏浚后的塞纳河，目前已能通行万吨级轮船，成为法国最重要的航道。

知识点

石灰岩

　　石灰岩简称灰岩，是以方解石为主要成分的碳酸盐岩石。有时含有白云石、黏土矿物和碎屑矿物，有灰、灰白、灰黑、黄、浅红、褐红等色，硬度一般不大，与稀盐酸反应剧烈。石灰岩主要是在浅海的环境下形成的。按成因，石灰岩可划分为粒屑石灰岩（由化学、生物化学、流水搬运、沉积形成）、生物骨架石灰岩和化学、生物化学石灰岩。按结构构造，石灰岩可细分为竹叶状灰岩、鲕粒状灰岩、豹皮灰岩、团块状灰岩等。按其沉积地区，石灰岩又分为海相沉积和陆相沉积，以前者居多。按矿石中所含成分不同，石灰岩可分为硅质石灰岩、黏土质石灰岩和白云质石灰岩三种。石灰岩的主要成分是碳酸钙，易溶蚀，因此在石灰岩地区多形成石林和溶洞，这称为喀斯特地貌。

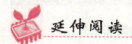 延伸阅读

英吉利海峡

　　英吉利海峡又名拉芒什海峡，是分隔英国与法国并连接大西洋与北海的

海峡，位于大不列颠岛和欧洲大陆之间，东北与北海相通，西南与大西洋相连，长约560千米，宽约240千米，最狭窄处又称多佛尔海峡，仅宽34千米。整个海峡形似喇叭状。

英吉利海峡（多佛尔海峡）是世界上海洋运输最繁忙的海峡之一，战略地位非常重要。国际航运量很大，每年通过该海峡的船舶有几十万艘之多，居世界各海峡之冠。在历史上对西、北欧各资本主义国家的经济发展曾起过巨大的作用，人们把英吉利海峡水道称为"银色的航道"。

泰晤士河

如同中华儿女将黄河视为自己的"母亲河"一样，泰晤士河也被英国人视为"英国的摇篮"，因为它在英国历史上起到了重要的作用。这一点，看看人们对泰晤士河的评价就知道了。现在的英国人说没有泰晤士河就没有伦敦，而英国作家丁·皮尔则说："泰晤士河造就了英国历史的精华。"

在塞尔特语中，泰晤士河的意思是"宽河"。现实中的泰晤士河是名副其实的宽河，它全长400多千米，流域面积有1.5万平方千米，是英国人坐船到大西洋的方便通道。泰晤士河发源于英格兰的科茨沃尔德山，从西往东

泰晤士河

穿过了牛津和伦敦等众多文化名城，流域面积 13 000 平方千米，在伦敦下游河面变宽，形成一个宽度为 29 千米的河口，最后在诺尔岛注入北海，是英国最长的河流。

泰晤士河水量稳定，冬季流量较大，很少结冰。由于河口濒临北海和大西洋，每逢海潮上涨，潮水顺着漏斗形的河口咆哮而入，一直上溯到伦敦以上很远的地方。人们为了防止涌潮淹没伦敦，在伦敦桥下游 13 千米处，兴建了泰晤士河拦潮闸工程。泰晤士河通航里程 280 千米，海轮可乘海潮直抵伦敦。沿河架有多座公路桥和铁路桥，其中伦敦塔桥是世界最著名的桥梁之一。另外还有许多运河与其他河流相通。

泰晤士河塔桥

英国人没有夸张，他们对泰晤士河的评价是中肯的，因为泰晤士河的确是一条阅尽了英国历史沧桑的大河。坐船沿着泰晤士河旅游，就如同进入了时间隧道，一路看去都是英国的历史名域。泰晤士河两岸的旅游胜地让人目不暇接。如果从泰晤士河河口逆流而上，首先看到的就是有着悠久历史的格林威治，那里有举世闻名的古天文台。除此之外，格林威治还有英国国家海军学院，这里每年都要为皇家海军培养大量优秀的海军军官。沿着泰晤士河继续往前走，就能看见泰晤士河上的第一座桥梁——塔桥。这座桥是英国首都伦敦的标志。往西的不远处便是伦敦市区。一旦到了伦敦市区，坐在船上就会看见鳞次栉比的现代高楼大厦和古老的皇家宫殿，这些建筑物并列在一起并不显得不和谐，反而体现出了一种古今融合的感觉。沿着河岸，英国的一些著名建筑依次进入你的眼帘：伦敦塔、索思瓦克大教堂和圣保罗大教堂等古建筑倚水而立，向游人们展示着它们各有千秋的艺术风格。其实，泰晤士河最美丽的景色都集中在了晚上。

泰晤士河不仅是一条景色优美的河，还是一条航运繁忙的河。伦敦能在两千多年前就成为欧洲大陆的水运枢纽，就得益于在它旁边静静流过的泰晤士河。英国与海外及内陆腹地的经济联系也全靠这条河流。直到今天，泰晤士河仍在英国的商贸业上发挥着举足轻重的作用。

对世界上许多爱好旅游的人来说，泰晤士河旅游上的吸引力远远超过其经济上的吸引力。泰晤士河一直是文人墨客歌唱赞美的一条河，因此，它所包含的深厚的人文底蕴使得它更加与众不同。

 知识点

塞尔特

塞尔特为公元前 2000 年活动在中欧的一些有着共同的文化和语言特质的有亲缘关系的民族的统称。主要分布在当时的高卢、北意大利（山南高卢）、西班牙、不列颠与爱尔兰，与日耳曼人并称为蛮族。现在，这个古老的族群集中居住在被他们的祖先称为"不列颠尼亚"的群岛，他们就是爱尔兰、苏格兰、威尔士以及法国的布列塔尼半岛。

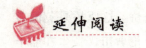

延伸阅读

格林威治

格林威治也译作格林尼治，英国大伦敦的一个区，位于伦敦东南、泰晤士河南岸。1675～1948 年在此设皇家格林尼治天文台。1884 年在华盛顿召开的国际经度会议决定，以经过格林尼治的经线为本初子午线，也是世界计算时间和地理经度的起点。第二次世界大战后，天文台已迁往东南沿海的赫斯特蒙苏，其原址已改为皇家海军学院、国家海洋博物馆等。有一座刻着格林尼治零度子午线的铜碑。

第聂伯河

很多国家都有自己的一个地理上的象征，比如中国的黄河和长江，又比如俄罗斯的伏尔加河。同样，乌克兰也有象征自己国家的河流，这条河就是著名的第聂伯河。

乌克兰民族就是在第聂伯河的哺育下成长起来的。乌克兰人世代生活在第聂伯河边，喝第聂伯河的水，吃第聂伯河的鱼，湍急的河水塑造了他们不屈不挠的性格和亲密团结的精神。

乌克兰境内有 23 000 多条河流，其中第聂伯河是最长的一条。其实，这仅仅是第聂伯河在乌克兰境内的一段，这段的长度有 1 200 多千米。第聂伯河发源于瓦乐代高地南坡的一个海拔 200 多米的泥炭沼泽地，全长 2 200 多千米，最后注入黑海。第聂伯河全年平均流量 1 700 立方米/秒。从河源至入海口，主要支流有杰斯纳河、索日河、普里皮亚季河等。普里皮亚季河是第聂伯河右岸的最大支流，河长约 862 千米，发源于乌克兰境内。第聂伯河上游有运河同涅曼河、西布格河及西德维纳河相通。流域面积有 50 多万平方千米，在欧洲的长河中坐第三把交椅，仅次于俄罗斯的伏尔加河和流经多个国家的多瑙河。像蓝色多瑙河一样，第聂伯河也流经了多个国家，它们分别是俄罗斯、白俄罗斯和乌克兰。其中，在乌克兰境内最长，有人打比方说，第聂伯河是紧密联系这三个国家的纽带。

第聂伯河

在抗击侵略者的艰难时代，第聂伯河是乌克兰人民的精神支柱；而在现代的和平年代，第聂伯河又成了乌克兰人发展农业经济的重要资源。乌克兰是一个经常出现干旱的国家，如果没有第聂伯河，可以想见那里的人民连生存都会有问题，就更不用说发展农业经济了。但实际上，第聂伯河两岸农业发达，盛产各种粮食作物，尤其盛产向日葵。在畜牧业方面，这里每年都有大量的牛羊肉、奶制品和毛纺制品远销国外。如果没有第聂伯河河水的灌溉和滋补，这一切都是不可能的。

第聂伯河流域气候较温暖、湿润，从西北向东南，大陆性气候逐渐显著。降雨量由北向南递减：瓦尔代丘陵和明斯克匠陵区年降水量为762～821毫米，基辅附近为708毫米，扎波罗热以下为454毫米，东南部在300毫米以下。

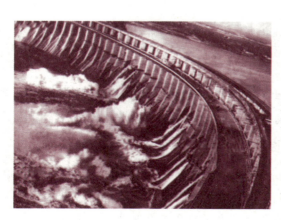

第聂伯水电站旧景

第聂伯河同样流经了乌克兰的许多重要城市，比如基辅和扎波罗热。在扎波罗热，乌克兰人建立了第聂伯水电站，这个水电站是乌克兰重要的电力基地，由此也可见第聂伯河的水力资源有多丰富。至于首都基辅，那就是

第聂伯河上一颗璀璨夺目的明珠。现在的基辅已经越来越现代化，市区到处都是各种风格的高楼大厦。

千百年来，第聂伯河的河水哺育着乌克兰人民，孕育了灿烂的文明。

 知识点

大陆性气候

大陆性气候通常指处于中纬度大陆腹地受海洋影响较小的气候，特征是降水较少、温度变化剧烈。在大陆性气候条件下，太阳辐射和地面辐射都很大。所以夏季温度很高，气压很低，非常炎热，且湿度较大。冬季受冷高压控制，温度很低，也很干燥。冬冷夏热，气温年变化很大，气温年、日较差都超过海洋性气候。最热月为7月，最冷月为1月。内陆沙漠是典型的大陆性气候地区，而草原和沙漠是典型的大陆性气候自然景观。

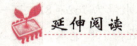 延伸阅读

第聂伯河战役

1943年8～12月，在第二次世界大战中的苏德战争中，苏军为解放左岸的乌克兰、顿巴斯、基辅和夺取第聂伯河右岸各战略要地，以贯彻苏军最高统帅部在1943年夏秋战局中向西南战略方向实施主要突击的决定，而实施了一系列战略进攻战役。

苏军在第聂伯河会战中重创了德军"南方"集团军群的基本兵力及"中央"集团军群一部，完全解放了第聂伯河左岸的乌克兰和基辅，收复了最重要的经济区，并在第聂伯河和普里皮亚季河右岸夺得25个登陆场，从而为全

部解放白俄罗斯、右岸乌克兰和克里木并把德军逐出苏联国境创造了有利条件。

墨累—达令河

澳大利亚是一个河流稀少的国家，或许是老天爷的眷顾，它才有一条世界闻名的河，那就是墨累—达令河。这条河是澳大利亚最大的河流，也是澳大利亚唯一一个发育完整的水系。

源出于新南威尔士州东南部派勒特山的墨累—达令河全长 3 750 千米，流域面积 105 万多平方千米，是一条跨越澳大利亚的巨大河流。从河源出发后，墨累—达令河先向西方流，然后向西北方向流去，形成了新南威尔士和维多利亚州的天然分界线；在流过著名的休姆水库后，墨累—达令河抵达了澳大利亚南部的摩根，这时的墨累—达令河便向南流经亚历山德里娜湖，最后汇入到印度洋中。

墨累—达令河虽然是一条流域面积特别广的河流，但是它的有效集水面积却很小。有人曾经做过测算，结果测出其集水面积不足 40 万平方千米。

同世界上许多大河一样，由于墨累—达令河的流域面积特别广，因此它的支流也特别多。据统计，墨累—达令河是由数十条大小不一的支流组成的。除了最大的支流达令河之外，墨累—达令河的其他主要支流有拉克伦河、马兰比吉河、米塔米塔河、奥文斯河、古尔本河和洛登河等。

墨累—达令河流域同样有着极为发

墨累—达令河

达的农业经济，这些农业经济主要集中在墨累河谷中。墨累河谷是澳大利亚重要的农业产区，出产大量小麦和米酒。除了农业之外，墨累河谷的畜牧业也极为发达，澳大利亚之所以被称为"骑在羊背上的国家"，与这里盛产牛羊肉和奶制品有着密切的联系。

为了有效利用墨累—达令河的水力资源，澳大利亚在1915年成立了专门的墨累河委员会，负责开发和组织利用墨累—达令河的水力资源。他们在河上修建了许多水库，这些水库主要包括：墨累河上的休姆水库、维多利亚湖水库和达令河上的梅宁水库。由于有了这些水库，以往由于流程太长，加上蒸发量过多而导致的河流水量不大的问题得到了部分的解决。据统计，现在的墨累—达令河年平均流量已经有每秒700多立方米，年平均径流总量达到了236亿立方米。

水　系

水系是指江、河、湖、海、水库、渠道、池塘、水井等及其附属地物和水文资料的总称。

水系有下列类型：

1. 树枝状水系：干支流呈树枝状，是水系发育中最普遍的一种类型，一般发育在抗侵蚀力较一致的沉积岩或变质岩地区。

2. 扇形水系：干支流组合而成的流域轮廓形如扇状的水系，这种水系汇流时间集中，易造成暴雨成灾。

3. 羽状水系：干流两侧支流分布较均匀，近似羽毛状排列的水系。汇流时间长，暴雨过后洪水过程缓慢。

4. 平行状水系：支流近似平行排列汇入干流的水系。当暴雨中心由上游向下游移动时，极易发生洪水。

5. 格子状水系：由干支流沿着两组垂直相交的构造线发育而成的。

此外，还有梳状水系：即支流集中于一侧，另一侧支流少；放射状水系及向心状水系，前者往往分布在火山口四周，后者往往分布在盆地中。通常大河有两种或两种以上水系组成。

 **延伸阅读**

达 令 河

达令河是墨累河最长的支流，上源塞文河源出新英格兰山脉西麓，为昆士兰、新南威尔士两州界河。向西流，转向西南穿越新南威尔士州，在文特沃思注入墨累河。全长 2 740 千米。流域面积约 64 万平方千米。重要支流有右岸的巴朗河、沃里戈河等。水量季节变化大。自伯克以下，河道坡降平缓，沿河有多处水利灌溉设施。

伏尔加河

伏尔加河发源于俄罗斯西北部东欧平原西部的瓦尔代丘陵，自北向南曲折流经俄罗斯平原的中部，注入里海。全长 3 690 千米，流域面积 138 万平方千米，占东欧平原的 1/3，是欧洲最长的河流，也是世界上最长的内流河。

伏尔加河发源处海拔仅 225 米，入里海处低于海平面 28 米，总落差小，流速缓慢，河道弯曲，是一条典型的平原型河流。

伏尔加河及其支流从北到南约跨 15 个纬度，流域内自然条件差别很大。上游气候湿润，径流量大，河网密布，有大小支流 5 万多条，其中卡马河（伏尔加河最大的支流）和奥卡河是主要支流。越往下游气候越干燥，河

伏尔加河

网越稀，从北纬50°到河口的800千米内，没有一条支流，形成典型的树枝状水系。

伏尔加河的水源主要是春季的融雪，雪水约占河流水量的55%。夏秋季雨水供给约占4%，地下水占41%，最大流量在春季，春汛显著。春季径流在全年的比重越往下游越大。

伏尔加河冬季结冰，上游封冻期，达140天；中下游，在90～100天之间，大体上从11月末开始封冻，第二年4月开始解冻。封冻从上游开始，解冻从下游开始。

伏尔加河也是欧洲流量最大的河流，平均每秒流入里海的水量达8 000立方米，平均每年有255亿立方米的水注入里海，在所有流入里海的总流量中占78%，对里海的水平衡起关键作用。

伏尔加河长度大，穿越不同地带，水力资源丰富。俄国十月革命前，伏尔加河完全处于自然状态，河水深度仅1.6～2.5米，全河有许多浅滩和沙洲，通航不畅，干、支流上丰富的水力资源基本上未加利用。十月革命后，前苏联于20世纪30年代起对伏尔加河进行了大规模的整治和综合开发利用，按一级航道标准（最小保证水深2.4～3米，宽85～100米，弯曲半径

莫斯科运河

600～1 000 米）进行全面渠化，先后在干支流上修建了 14 座大型水利枢纽，并建成了连接莫斯科的长达 128 千米的莫斯科运河，沟通顿河及波罗的海的长为 101 千米的伏尔加—顿河运河，以及长达 361 千米的伏尔加—波罗的海运河。到 20 世纪 70 年代中期，伏尔加河已建成同前苏联欧洲部分其他河网相连的、统一的深水内河航运系统，总长约 6 600 千米。通过伏尔加河及其运河，可连接北部的白海、西部的波罗的海和南部的黑海、亚速海及里海，从而实现了五海通航，改善了内陆河的局限性，使莫斯科成为联通五海的大河港。它的主航线可通航 5 000 吨级货轮和 2～3 万吨级的船队。

伏尔加河干支流上的 14 座大中型水利枢纽还承担着发电、城市和工业用水、农田灌溉及渔业等综合职能。20 世纪 80 年代初，伏尔加河干流及卡马河上的 11 座梯级水电站的总装机容量达 1 130 万千瓦，其中 100 万千瓦以上的大型水电站有伏尔加格勒、古比雪夫、切博克萨雷、萨拉托夫、下卡马和沃特金斯克等 6 座，年平均发电量达 393 亿度。

伏尔加河流域是俄罗斯最富庶的地区之一。长期以来，伏尔加河水滋润着沿岸数百万平方千米肥沃的土地，养育着约 8 000 万俄罗斯各族儿女，伏尔加河的中北部是俄罗斯民族和文化的发祥地。那深沉、深厚的伏尔加船夫曲，至今仍在人们的脑海中萦绕。马雅科夫斯基、普希金等许多俄罗斯著名诗人，都曾用美好的诗句来赞美她、歌颂她，称她为俄罗斯民族的母亲河。

现在，伏尔加河流域是俄罗斯最重要的工农业生产基地，为俄罗斯经济的稳定和发展作出了巨大的贡献。

知识点

沙洲

沙洲是河流中的心滩、江心洲、湖滨、海滨附近形成的沙滩的总称。在海商海事法律中，通常指在河口处形成的沙堆，这些沙堆经常限

制某些种类的船舶，使之不能到达上游目的地。在许多情况下，船舶只得卸载，即将一部分货物卸到驳船或小船上才能通过沙洲完成航行。同样，在上游港口装货的船舶只能装一部分货物，其他货物等船舶通过沙洲后再装上船。

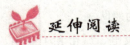 延伸阅读

奥卡河

　　奥卡河是伏尔加河右岸最大和水量最多的支流，发源于中俄罗斯丘陵，地处奥廖尔以南，河源海拔226米，在下诺夫哥罗德附近注入伏尔加河。奥卡河全长1 478千米，流域面积24.5万平方千米，河口多年平均流量123立方米/秒。从河源至乌格拉河汇口为上游。奥卡河在此段流在曲折的峡谷中，河宽很少超过1千米，接纳的较大支流有：乌帕河、日兹德拉河、乌格拉河。从乌格拉河到莫克沙河口为中游，此段接纳的较大河流右岸有：奥塞特尔河、普罗尼亚河、帕拉河、莫克沙河；左岸有：莫斯科河、古斯河。莫克沙河口以下为下游，此段最大的支流为右岸的莫克沙河和左岸的克利亚兹马河。

勒拿河

　　勒拿河起源于贝加尔山西面一个很小的湖。从那里起，源源不断的流水穿过中西伯利亚高原，蜿蜒曲折地向北流，最终汇入到北冰洋的拉普捷夫海中。勒拿河全长4 400千米，流域面积有250万平方千米，是令俄罗斯人最为骄傲的大河之一。

　　由于受到汹涌澎湃的勒拿河水的长期冲积，在勒拿河汇入拉普捷夫海的

地方，形成了俄罗斯最大的三角洲。据统计，那里每年有大约 4 000 万吨的溶解质和 1 200 万吨的悬移质泥沙沉积下来。在世界上很难见到这样的情景：在一个面积仅为 3 万多平方千米的三角洲上，却有多达上千个岛屿，这是怎么回事呢？原来勒拿河在汇入拉普捷夫海的时候，分成了上百条很小的支

勒拿河

流，正是这些蜿蜒曲折的支流形成了众多岛屿。勒拿河三角洲上最出名的是季克西港，这个港口是俄罗斯在北冰洋沿岸最大的港口。

　　实际上，只要说到俄罗斯的任何一条大河，人们都会无一例外地用资源丰富来形容它们。勒拿河流域所蕴涵的自然资源十分丰富，这也是俄罗斯人偏爱勒拿河的原因。据说，仅仅在勒拿河支流上建立的水电站，比如维柳伊斯克和马马卡斯克水电站，其发电量每年就有大约 4 000 万千瓦时。支流上水电站的发电量就这样大，勒拿河主流上的水电站就更不用说了。由此可见勒拿河的水力资源是多么的丰富！除了发电的作用之外，勒拿河在俄罗斯的水路交通上扮演着重要的角色。

　　勒拿河被分成了上、中、下游三个部分，每部分长度都差不多，各自占有勒拿河长度的1/3。在这三部分中，人们经常提到的是勒拿河的中游，因为那里是勒拿河上自然风光最美的地方。中游勒拿河是从维季姆河口直到阿尔丹河河口，长度为 1 500 千米，沿途经过了无数的森林、沼

勒拿河三角洲

泽和湖泊，由于流速缓慢，人们可以站在船上静静欣赏沿途的景色。然而到了后半部分，河水就开始显得急躁起来，它在高原上跳跃飞舞，这时游人常会惊叹于两岸高耸的峭壁。勒拿河的另外两部分是上游和下游。上游勒拿河是从源头到维季姆河口，水流异常湍急。从阿尔丹河口往北流的下游与上游形成了鲜明对比，由于流过亚库特低地，所以河水流得特别慢，乍看就像平静的大湖。

三　角　洲

　　三角洲，即河口冲积平原，是一种常见的地表形貌。江河奔流中所裹挟的泥沙等杂质，在入海口处遇到含盐量较淡水高得多的海水，渐渐淤积，最终成为河口岸边新的湿地，继而形成三角洲平原。三角洲的顶部指向河流上游，外缘面向大海，可以看作是三角形的"底边"。根据形状，三角洲可分为尖头状三角洲、扇状三角洲和鸟足状三角洲。三角洲地区不但是良好的农耕区，而且往往是石油、天然气等资源十分丰富的地区。

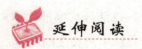

勒拿河流域的生物资源

　　勒拿河流域的主要部分覆盖着泰加林，下游可见苔原和零散的森林。在较为潮湿的地区，以云杉、雪松、桦木为主。在中游有一些广阔的干草原地带。勒拿河浮游生物稀少，而且种类有限，约有100多种动物，重要的鱼类包括鲟鱼、鲑鱼、鲈鱼等，这些鱼类主要集中在河口地区。

鄂毕河

　　鄂毕河位于西伯利亚西部，是俄罗斯第四长河，也是世界一条著名长河，仅次于叶尼塞河和勒拿河。按流量是俄罗斯第三大河，鄂毕河是由卡通河与比亚河汇流而成，自东南向西北流再转北流，纵贯西伯利亚，最后注入北冰洋喀拉海鄂毕湾。河长 4 315 千米（从卡通河源头算起），流域面积 299 万平方千米（其中包括内陆水系流域面积 52.8 万平方千米）。河口多年平均流量 12 300 立方米/秒，实测最大流量 43 800 立方米/秒，实测最小流量 1 650 立方米/秒，年平均径流量 3 850 亿立方米。含沙量沿程呈递减趋势（160～40 克/立方米），年平均输沙量 5 000 万吨。从卡通河与比亚河汇口起至托木河口为上游，托木河口至额尔齐斯河口为中游，额尔齐斯河口至鄂毕湾为下游。所以从流量角度讲，是俄罗斯第三大河。

　　鄂毕河长度从河源角度讲有三种说活：一说以卡通河作为主源，这样鄂

鄂毕河

毕河长为 4 315 千米；一说以额尔齐斯河为源，这样鄂毕河全长为 5 410 千米；一说从卡通河与比亚河汇口算起，长 3 650 千米。

鄂毕河流域的可航行河段总长度将近 15 000 千米，经托博尔河，可以在秋明与叶卡捷琳堡—彼尔姆铁路相连，然后与俄罗斯腹心地带的卡马河与伏尔加河连接。鄂毕—额尔齐斯河组合水系的长度居亚洲第二位，大约为 5 410千米。最大的港口是额尔齐斯河上的鄂木斯克，与西伯利亚大铁路相连。有运河与叶尼塞河相连。鄂毕河从巴尔瑙尔以南开始，每年 11 月初到第二年 4月末都是冰封的，而距离河口 160 千米的萨列哈尔德以下，则从 10 月底到第二年 6 月初结冰。鄂毕河中段从 1845 年起有蒸汽船航行。鄂毕河河网密布，支流众多。流域内有大小支流 15 万条以上。从左岸汇入的较大支流有：卡通河、佩夏纳亚河、阿努伊河、恰雷什河、阿列伊河、舍加尔卡河、恰亚河、帕拉别利河、瓦休甘河、大尤甘河、大萨雷姆河、额尔齐斯河、北索西瓦河、休奇亚河等；从右岸汇入的较大支流有：比亚河、丘梅什河、伊尼亚河、托木河、丘雷姆河、克季河、特姆河、瓦赫河、特罗姆约甘河、利亚明河、纳济姆河、卡济姆河、波卢伊河等。

海　湾

　　海湾是一片三面环陆另一面环海的海洋，外形有 U 形及圆弧形等，通常以湾口附近两个对应海角的连线作为海湾最外部的分界线。与海湾相对的是三面环海的海岬。世界上面积超过 100 万平方千米的大海湾共有 5 个，即位于印度洋东北部的孟加拉湾。位于大西洋西部美国南部的墨西哥湾，位于非洲中部西岸的几内亚湾，位于太平洋北部的阿拉斯加湾，位于加拿大东北部的哈德逊湾。

西伯利亚

西伯利亚是俄罗斯境内北亚地区的一片广阔地带。西起乌拉尔山脉，东迄太平洋，北临北冰洋，西南抵哈萨克斯坦中北部山地，南与中国、蒙古和朝鲜等国为邻，面积约 1 276 万平方千米，除西南端外，全在俄罗斯境内。

西伯利亚地处中高纬度，大陆性气候显著，自西向东逐渐增强，冬季寒冷漫长，夏季温和短暂。年均气温低于 0℃。东北部雅库特地区的绝对低温是 −70℃。降水时空差异明显，北冰洋沿岸年降水量 100 ~ 250 毫米，针叶林地带降水量 500 ~ 600 毫米，阿尔泰山地降水量可达 1 000 ~ 2 000 毫米。植被有苔原、森林沼泽、泰加针叶林、森林草原和无树草原等。西伯利亚自然资源丰富，矿藏有石油、天然气、煤、金、金刚石等，各类资源分布比较集中，而且大型矿床较多。

阿纳德尔河

阿纳德尔河位于俄罗斯马加丹州的楚科奇自治区，是远东地区东北部的最大河流。河流全长 1 150 千米，流域面积 19.1 万平方千米，发源于外兴安岭阿纳德尔高原的中部地区。河流出河源区时，流向朝南，进入低地后河流转而朝东及东北向，最后流入白令海的阿纳德尔湾。距河口 254 千米附近的年平均流量大约是 1 000 立方米/秒。

阿纳德尔河有两大左右岩支流。

马英河是阿纳德尔河的右岸支流，河长 475 千米，流域面积 3.28 万平方千米，发源于品仁纳山脉坡地上的马英湖，河流大部分是在宽阔的河谷中间往东北方向流。河流平均流量约为 260 立方米/秒。

塔纽列尔河是阿纳德尔河左岸支流，河长 482 千米，流域面积 1.85 万平

方千米，发源于佩库里涅伊山脉。上游为山区性河流，下游主要是沿着阿纳德尔低地流淌，并被分成一些河汊。在该河流域内有许多小型的湖泊（流域的湖泊率为 2.5%）。

由于阿纳德尔河发源于高原，且水源是坡度大的湍急山洪，因此，它自源头起的大约 550 千米距离内保持着山区河流的性质。在上游，河谷狭窄。在中游，河流具有平原河流的特性。阿纳德尔河大部分有宽阔的、发育良好的河谷，有的地方被河汊分割，岸上长满柳林，接近河口处则遍布苔原植物。阿纳德尔河的下游，受潮水涨落的影响，河床宽达 3~4 千米，在河口附近，河床扩宽至 6~7 千米。

阿纳德尔河的河水补给主要为融雪和雨水。河流在 10 月中旬到 10 月底封冻，于次年 5 月底到 6 月初解冻。沿阿纳德尔河小型船只可航行至马尔科沃村。

知识点

苔　原

苔原也叫冻原，是生长在寒冷的永久冻土上的生物群落，是一种极端环境下的生物群落。苔原多处于极圈内的极地东风带内，风速极大，且有明显的极昼和极夜现象。苔原植物多为多年生的常绿植物，可以充分利用短暂的营养期，而不必费时生长新叶和完成整个生命周期，当然，短暂的营养期会使苔原植物生长非常缓慢。

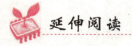
延伸阅读

白　令　海

白令海是太平洋沿岸最北的边缘海，以丹麦船长白令姓氏命名。海区呈三角形。北以白令海峡与北冰洋相通，南隔阿留申群岛与太平洋相联，将亚洲大陆（西伯利亚东北部）与北美洲大陆（阿拉斯加）分隔开。

白令海面积约230万平方千米，平均水深1636米，最大水深4773米。海中岛屿很多，著名的岛屿有阿留申群岛、努尼瓦克岛、圣劳伦斯岛、纳尔逊岛和卡拉京岛。白令海区域终年寒冷，年平均气温，南部为2℃~4℃，北部为-8℃~-10℃。年降水量南多北少，东南部可达1600毫米以上，以降雨为主；北部仅280毫米，主要是降雪。白令海域蕴藏着丰富的水产和矿产资源。有鲑、鲱、鳕、鲽、大比目鱼等，极具经济价值。

幼发拉底河

幼发拉底河全长约2750千米，是西亚最长、最重要的河流，它发源于土耳其东部亚美尼亚高原，流经美索不达米亚平原，在离河口190千米处，与底格里斯河汇合，称阿拉伯河，在法奥附近注入波斯湾。

按地形幼发拉底河可分三段：

1. 上游段。从两条主支流即北面的支流卡拉苏河和东面的支流穆拉特河开始。这两条河源出亚美尼亚高原，河谷宽窄交替，深峡迭现，于埃拉泽镇西北约50千米处合流。河流曲折迂回于土耳其南部的托罗斯山脉高大的群山之间。

2. 中游段。自叙利亚高原上的土耳其萨姆萨特到伊拉克低地的希特，长近1500千米。该河谷为典型陡坡型，切入高原表面深度达数百尺，漫滩宽度为3~6千米不等。在该中游段，幼发拉底河各主要支流，包括哈布尔河在内，汇合于干流。

3. 下游段。从叙利亚高原上深邃的山谷中流出，在伊拉克平原上拓宽，流量减少，流速放慢。该区气候干燥，河水因河面和漫滩蒸发以及灌溉而大量损失。三角洲平原上沉积有大面积沉积物，且排水不畅。沼泽和永久浅湖形成，吸收了幼发拉底河的较大流量，并使之随季节而变化。从希特到

穆赛伊卜为单一河道。该河自穆赛伊卜以下分成两条支流，一为东面的希拉河，即前干流河道；另为西面的欣迪耶河，即今干流河道。此二支流在离其开端175千米的塞马沃附近重新汇合成单一河道，延伸至纳西里耶。在此幼发拉底河分成众多水道，并伸入滩地和哈马尔湖，并在此湖东端与底格里斯河汇合。从此处往前，两河汇流而成的阿拉伯河，流经约190千米注入波斯湾。

幼发拉底河的水源靠春季融化雪水和高原上春季降雨，以及大西洋气旋带来的冬季降雨，缺乏支流，河水来源甚少。上游每年3月开始涨水，5月达到最高水位，6月末以后水位又见降低。由于河水携带大量悬浮物质，在下游河段逐渐沉积下来，于是在波斯湾北部沿岸低地，冲积成美索不达米亚平原，今日这种沉积作用仍在继续进行。

幼发拉底河

幼发拉底河和底格里斯河曾使古代巴比伦王国和阿拉伯帝国盛极一时，为人类文明作出了杰出的贡献。

受幼发拉底河之惠的是西亚三个大国：土耳其、叙利亚和伊拉克。

 **知识点**

高 原

高原是指海拔高度一般在 1 000 米以上，面积广大，地形开阔，周边以明显的陡坡为界，比较完整的大面积隆起地区。高原素有"大地的舞台"之称，它是在长期连续的大面积的地壳抬升运动中形成的。有的高原表面宽广平坦，地势起伏不大；有的高原则山峦起伏，地势变化很大。世界最高的高原是我国的青藏高原，面积最大的高原为南极冰雪高原。

 延伸阅读

美索不达米亚平原

美索不达米亚平原在中东两河流域，是一片位于底格里斯河及幼发拉底河之间的冲积平原。绝大部分在伊拉克境内和叙利亚东北部。美索不达米亚平原东起伊朗高原西缘，南抵波斯湾，西达叙利亚沙漠，北至亚美尼亚山区。美索不达米亚平原地势低平，平均海拔在 200 米以下，从北向南倾斜，巴格达以北为上美索不达米亚，也叫亚述，地势略高，丘陵起伏。以南称下美索不达米亚，也叫巴比伦尼亚，地低多湖沼。底格里斯河和幼发拉底河在南部汇合成为阿拉伯河，形成三角洲。两河流域的平原从西北伸向东南，形似新月，有"肥沃新月"之称。古时这一地区农业发达，依灌溉之便利，河渠纵横，土地肥沃。

 阿姆河

阿姆河是亚洲主要的内陆河流之一，是中亚最长的河流。它发源于帕米尔高原东南部和兴都库什山脉海拔 4 900 米的山岳冰川，是两大沙漠的界河，以河槽易变而著称。女诗人玛格丽达·阿里格尔在她一首史诗中称

阿姆河

阿姆河为"狂热的流浪者"。阿姆河是中亚细亚水量最多的河流。河长从其最远的源头——瓦赫集尔河算起，约 2540 千米，而从两个主要河源——喷赤河和瓦赫什河的汇流处算起，总长为 1 500 千米。流域南北宽 960 千米，东西长 1 400 千米，流域面积约 53.48 万平方千米。瓦赫集尔河及其下游瓦汗河发源于阿富汗，喷赤河发源于瓦汗河和帕米尔河的汇合点。喷赤河全程均为塔吉克斯坦共和国和阿富汗的边界河。

阿姆河上游的 250 千米一段也沿边界河流动。在这一段阿姆河穿流在阿富汗—塔吉克斯坦共和国凹地的砾岩和黄土层上。克利弗村开始是阿姆河谷的幼年谷地，往西是沿克利弗乌兹博伊干河床，再流往卡拉库姆沙漠南部，流入科佩特山脉前的凹陷。后来，在一次较大的湿润期，阿姆河决口流向西北咸海方向，而在这以前曾是阿姆河左岸支流的斑迪巴巴河（巴尔赫河），流进了克利弗乌兹博伊干河床的低洼地，斑迪巴巴河现在流入阿富汗境内。

阿姆河中游的河水流入平原后的 1 200 千米间无支流注入，为穿越干旱荒漠的过境河流。在夏季高山积雪与冰川融化时，水位与流量变化就很强烈，

有一种惊人的破坏力。喷赤河下游从法扎巴德卡尔起可以通航，但是经常发生主航道泥沙堵塞和整段河槽的河变，这给航行造成了很大的困难。

　　阿姆河的复杂历史也反映在下游地段，甚至已转向西北的阿姆河也不总是注入咸海。有一段时期，它转向位于咸海西南的萨里卡米什凹地，在那里甚至出现了注往里海的径流。阿姆河还有一个奇怪的特点与此有关：它有两个三角洲，一上一下。在阿姆河穿流苏勒坦—伊兹达格低山地的地方，塔希阿塔什石岬附近的狭窄地段把两个三角洲分开。上三角洲形成于阿姆河流入萨里卡米什凹地的时期。在这个三角洲上有早在古典时期就已极为繁盛的绿洲，它在中世纪曾是独具风格的繁荣的文化中心。直至今天，它的灌溉渠网也是纵横交错。阿姆河自古多洪水泛滥，"阿姆河"的意思即"疯狂的河流"。这里土地肥沃，不断得到大量河流淤泥的补充。阿姆河在悬移质的淤泥量上位于世界大河的前列，超过了尼罗河。它的暗褐色的水流每年带到咸海达 1 亿吨泥沙。阿姆河"依靠"咸海的水位构成下三角洲。

　　帕米尔高原的永久积雪和冰川是阿姆河河水补给的主要来源。流域的山区冬春降水量较多，年降水量可达 1 000 毫米。春季雪融，3 ~ 5 月开始涨水；夏季山地冰川融化，6 ~ 8 月水位最高，流量最大；9 月到翌年 2 月，流量减少，水位降低。流域的平原地区年降水量仅 200 毫米，下游地区更不到

帕米尔高原

100 毫米，没有支流注入，却有 25% 的流量用于灌溉和失于蒸发，以致下游水少且不稳定。

　　阿姆河是中亚地区的水运中心。从河口到铁尔梅兹约 1 000 千米可通汽船。在秋冬枯水期从河口到查尔朱约 600 千米仍可通航。但由于多沙洲和浅

滩，不利航行，货运不大。从河口到铁尔梅兹已建有综合水坝系统，可防洪和引水灌溉；在阿姆河左岸修建的卡拉姆运河，可向阿什哈巴德供水灌溉；从阿姆到克拉斯诺伏斯克的土库曼斯坦大运河，已对农业起了很大作用。阿姆河河道纵横。地形多样，在流经的土地上有山地、凹地、高原、绿洲等，构成了一幅浓墨重彩的立体画卷；盛产稻米、棉花、葡萄、梨等；河口三角洲长约 150 千米，面积 10 000 平方千米，盛产芦苇、柳和白杨等林木。流域内水产主要有：鲟鱼、鲑鱼；动物主要有野猪、野猫、豺、狐、野兔等，鸟类多达 211 种。

知识点

冰 川

冰川也称冰河，是指大量冰块堆积形成如同河川般的地理景观。在终年冰封的高山或两极地区，多年的积雪经重力或冰河之间的压力，沿斜坡向下滑形成冰川。受重力作用而移动的冰河称为山岳冰河或谷冰河，而受冰河之间的压力作用而移动的则称为大陆冰河或冰帽。两极地区的冰川又名大陆冰川，覆盖范围较广，是冰河时期遗留下来的。冰川是地球上最大的淡水资源，也是地球上继海洋以后最大的天然水库。地球七大洲都有冰川。

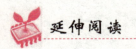延伸阅读

帕米尔高原

帕米尔高原位于中亚东南部、中国的西端，地跨塔吉克斯坦、中国和阿富汗。目前除东部倾斜坡仍为中国所管辖外，大部分属于塔吉克斯坦，只有

瓦罕帕米尔属于阿富汗。帕米尔高原，我国古代称葱岭，是自汉武帝以来开辟的丝绸之路的必经之地。"帕米尔"是塔吉克语"世界屋脊"的意思，高原海拔 4 000 米~7 700 米，拥有许多高峰。根据地形特点，帕米尔高原分为东西两部分：东帕米尔地形较开阔坦荡，由两条西北—东南方向的山脉和一组河谷湖盆构成，绝对高度 5 000 米~6 000 米。相对高度不超过 1 000 米~1 500 米。西帕米尔则由若干条大致平行的东北—西南方向的山脉谷地构成，地形相对高差大，以高山深谷为特征。

恒　河

恒河是南亚的一条主要河流，恒河发源于喜马拉雅山南麓加姆尔的甘戈特力冰川，流径印度北部及孟加拉，注入孟加拉湾，全长约 2 700 千米，流域面积 108 万平方千米，河口处的年平均流量为 2.51 万立方米/秒，其中在印度境内约长 2 071 千米，流域面积 95 万平方千米，年平均流量为 1.25 万立方米/秒，是南亚水流最丰富的河流，超过我国黄河的 15 倍多。恒河流域为世界上最多人口居住的河流流域，共有 4 亿以上人口居住于恒河流域。

恒河—亚穆纳河地区曾经森林密布。史实记载，在 16~17 世纪，可在当地猎到野象、水牛、野牛、犀、狮和虎。多数原有自然植被已从整个恒河流域消失，土地现在被强化耕种以满足总是在增长中的人口的需要。除了鹿、野猪和野猫以及狼、胡狼和狐之外，其他野生动物已经很难见到了，仅在孙德尔本斯三角洲地区还可以发现有一些孟加拉虎、鳄和沼泽鹿。所有河流，特别是在三角洲地区，鱼类均十分丰富，它是三角洲居民食物的重要组成部分。

在恒河与其主要支流朱木拿河交汇处的阿拉哈巴德城，每年举行一次为时两星期的庙会。每年的庙会在 1 月 25 日这一天达到高峰，人数之多为世所罕见。上千万人到这里来洗澡，其中包括著名的宗教领袖和政府官员。早在庙会开始的几天前，人们就在这里搭起供临时住宿的帐篷，沿河两岸绵延数

恒河沿岸

十里，蔚为壮观。

　　该城每隔12年都要举行一次孔勃——梅拉节（即圣水沐浴节），每到这天，成千上万的教徒从全国各地赶到这里。善男信女身披袈裟，裹着黄布，扶老携幼地从沿河石阶缓缓走入恒河。他们浸在圣水之中，一面净身，一面顶礼膜拜。那些名门闺秀，乘着无底轿子，也泡在"圣水"之中净身。僧侣们一边半身浸于水中，一边还在诵经；岸上的信徒则闭眼合掌，一遍又一遍地祈祷，盛况空前。

　　恒河河水大部分由夏季季风降雨供给，一部分由喜马拉雅山脉上的冰雪融水供给。因此，河水水位从5月开始上涨，7～9月由于季风降雨达到最高水位，这个时期恒河的深度和宽度都达到平时的2倍。三角洲上洪水有时还由飓风形成，这种类型的洪水出现在10～11月，虽不经常发生，但一旦出现则可造成极大危害。恒河上游因为落差较大，侵蚀搬运作用很强，加上第四纪以来的地盘隆起，形成了恒河大平原。

　　恒河流经人口稠密和大面积的农业地带，经济价值十分明显。自古以来，恒河水就用来灌溉农田，留下了复杂的渠道系统和众多水库。恒河自出山以后即可通航，航运意义很大。有趣的是，印度著名的地貌学家库兹推测，在恒河河床下面还有一条河，并提出，这条地下河也发源于喜马拉雅山，然后分为两支：一支在西孟加吉地下流动，另一条则在班克拉告地下流动。此推测被印度国家石油与天然气委员普查石油资源时所印证，在恒河河床下面深

瓦腊纳西

处，确实还流动着一条长达 2 000 千米的地下河。这是个难解之谜，有待科学家去研究探索。

 知识点

冲积扇

冲积扇是河流出山口处的扇形堆积体。当河流流出谷口时，摆脱了侧向约束，其携带物质便铺散沉积下来。冲积扇平面上呈扇形，扇顶伸向谷口；立体上大致呈半埋藏的锥形。以山麓谷口为顶点，向开阔低地展布的河流堆积扇状地貌。它是冲积平原的一部分，规模大小不等，从数百平方米至数百平方千米。广义的冲积扇包括在干旱区或半干旱区河流出山口处的扇形堆积体，即洪积扇；狭义的冲积扇仅指湿润区较长大河流出山口处的扇状堆积体，不包括洪积扇。

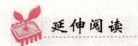

延伸阅读

孟加拉湾

　　孟加拉湾是印度洋北部的一个海湾，西临印度半岛，东临中南半岛，北临缅甸和孟加拉国，南在斯里兰卡至苏门达腊岛一线与印度洋本体相交，经马六甲海峡与暹罗湾和南中国海相连。孟加拉湾面积约217万平方千米。流入孟加拉湾的河流有恒河、默哈纳迪河、哥达瓦里河和克里希纳河等。孟加拉湾是太平洋和印度洋之间的重要通道，水温在25℃～27℃。盐度30‰～34‰，沿岸有多种喜温生物，如恒河口的红树林、斯里兰卡沿海浅滩的珍珠贝等。孟加拉湾内有许多著名岛屿，如斯里兰卡岛、安达曼群岛、尼科巴群岛、普吉岛等。孟加拉湾沿岸贸易发达，主要港口有：印度的加尔各答、金奈，孟加拉国的吉大港，缅甸的仰光，泰国的普吉，马来西亚的槟榔屿，印度尼西亚的班达亚齐，斯里兰卡的贾夫纳等。

叶尼塞河

　　叶尼塞河是流入北冰洋最大的河流，也是俄罗斯第一大河，其水量、水能资源均居俄罗斯各河流首位，长度若以色楞格河为源也居首位，也是世界第五长河。

　　叶尼塞河干流从南向北流，最后注入喀拉海的叶尼塞湾，流域面积约258万平方千米，总落差1 578米，平均比降0.41‰，河口多年平均径流量约6 255亿立方米，平均年输沙量约1 240万吨，年平均流量高达19 600立方米/秒。从大叶尼塞河和小叶尼塞河的汇合处算起，长3 487千米；以大叶尼塞为源，河长4 086千米；若以小叶尼塞河为源，则河长4 044千米；从色楞格河的源头（源自蒙古北部）算起，长5 540千米。小叶尼塞河发源于唐努乌拉山脉，大叶尼塞河发源于东萨彦岭的喀拉·布鲁克湖。

安加拉河又称上通古斯卡河，是叶尼塞河水量最大、流域面积最广的支流，流域面积104.5万平方千米，几乎等于叶尼塞河流域面积的一半。从流出贝加尔湖的源头算起，河长1 826千米，落差378米。若从注入贝加尔湖的色楞格河源头算起，安加拉河全长339千米。下通古斯卡河是叶尼塞河第二大

叶尼塞河

支流，发源于勒拿河与安加拉河分水岭处的北坡，在土鲁罕斯克城附近注入叶尼塞河。河长2 640千米，流域面积48.33万平方千米，总落差约535米。

支流安加拉河

中通古斯卡河在中通古斯卡附近注入叶尼塞河，是叶尼塞河第三大支流，全长1 614千米，流域面积24.47万平方千米，落差494千米。

叶尼塞河约一半的水来自雪水，有超过1/3的水来自雨水，其余来自地下水。叶尼塞河是重要的水运干道，与大西伯利亚铁路构成水陆交通命脉。在叶尼塞—安加拉河梯级修建前，干流从河口至上游克孜勒和十多条支流都可通航。干流通航里程3 460千米，大支流2 000多千米，小支流在1 500千米以上。

QIMIAO DE JIANGHE HUPO

知识点

水能资源

广义的水能资源包括河流水能、潮汐水能、波浪能、海流能等能量资源；狭义的水能资源指河流的水能资源。

水热能资源

水热能资源也就是人们通常所说的天然温泉。在古代，人们已经开始直接利用天然温泉的水热能资源建造浴池，现代人们也利用水热能资源进行发电、取暖。

水力能资源

水力能包括水的动能和势能，我国古代已广泛利用湍急的河流、跌水、瀑布的水力能资源建造水车、水磨和水碓等机械，进行提水灌溉、粮食加工、舂稻去壳。如今，主要利用水力能资源进行灌溉。

水电能资源

现在我们所说的水电能资源通常称为水能资源。19世纪80年代，当电被发现后，根据电磁理论制造出发电机，建成把水力站的水力能转化为电能的水力发电站，并输送电能到用户，使水电能资源开发利用进入了蓬勃发展时期。

延伸阅读

喀拉海

喀拉海位于俄罗斯西伯利亚以北，是北冰洋的一部分。在西边，新地岛和喀拉海峡将喀拉海与巴伦支海隔开，在东边，北地群岛又将喀拉海与拉普捷夫海分离。西为新地岛，西北为法兰士约瑟夫地，东为北地群岛。喀拉海面积约 88 万平方千米。平均深度为 127 米。流入喀拉海的大河有：叶尼塞河、鄂毕河、皮亚西纳河和喀拉河。喀拉海气候异常寒冷，几乎终年冰封，南部沿岸地区冰封期也有 9 个月之久，即使夏季，海面也多浮冰。冬季多暴风雪，夏季多雾。这种冰封、风暴和多雾气候条件给航运造成很大困难。喀拉海盛产鱼类，是俄罗斯重要的渔场，并已勘探出石油和天然气。

怒 江

怒江，发源于西藏唐古拉山的南麓，穿行在云南省西部的横断山脉之中，与澜沧江平行南下，流至缅甸后，改称为萨尔温江，最后注入印度洋的安达曼海。

怒江两岸高山雄峙，河谷中树木荫翳，浓绿蔽天，把澄碧的江水染成墨绿色，藏族同胞便叫它"那曲"，意思就是"黑水"。怒江一泻千里，谷底激流翻腾，蕴藏着巨大的水力资源。

怒江源头位于中国西藏那曲地区安多县境内，源流名为将美尔曲。怒江在我国境内长

怒 江

1 540 千米。从滇藏交界处起，至怒江傈僳族自治州府所在地六库，长达 300 多千米江段，是驰名中外的"怒江大峡谷"。峡谷东面的碧罗雪山，西面的高黎贡山，俨如两位盔冰甲雪的巨人，岿然对峙。道道悬崖，犹如刀削；座座陡坎，恰似斧劈。江水被逼在宽仅百余米的峡谷河道中，汹涌激荡，滚沸如汤，猛烈地撞击着两岸石壁，怒不可遏地溅起千堆浪花，震得山岳簌簌颤动，真是"惊涛裂岸壁，危崖坠苍空。水无不怒石，山有欲飞峰"。激流险

滩，云雾蒸腾，昼夜轰鸣，两岸峰崛峦挺，千姿百态，古树苍藤，飞翠流丹，构成了怒江大峡谷三百里山水画廊。

从遥远的古代起，怒江两岸的傈僳族、怒族等兄弟民族便在怒江两岸架起了溜索桥，飞渡天险。溜索一般架设在江面较窄的地段，一端固定在岸边地势较高的树桩上，另一端联结在对岸较低处的树根上。溜索上有溜板，由一个带钩的滑轮、上挂着的两根很结实的棕绳组成。过溜时将绳索分别兜在腰和大腿上，身体成坐状，然后借助滑轮，从溜索的高端滑向对岸。为了便于往返，溜桥一般都架设两根溜索，一根用于过去，一根从对岸高处溜回来。汉朝第二丝绸之路的商旅货物，都是依靠溜索而通过怒江天险的。傈僳族有句名言："不会过溜的人，算不得傈僳族汉子。"然而，旧式的竹篾溜索，每隔两三年就得更换。由于溜索磨断或溜板断裂，不知有多少人葬身万丈深壑。解放后，竹篾溜索和木溜板换成了钢索和铁滑轮，保证了过溜的安全。如今，怒江傈僳族自治州已修成公路600多千米，沿江架设了4座公路桥、16座人马桥和6座钢索桥，真称得上是"峡谷飞彩虹，天堑变通途"。

溜索桥上的人

怒江河谷"一天分四季，十里不同天"。两岸的高山上六月飞雪，玉屑琼泥，凛冽万古。谷地深处则是"万紫千红花不谢，芳草不识秋与冬"。河滩上的双季稻随风摇曳，坡地里的甘蔗林飘着清香。火焰般的攀枝花和彩霞争艳，翠绿的凤尾竹将村寨拥抱。因此，有人曾把怒江河谷比作第二个西双版纳，是别在祖国西南边陲的又一只碧玉簪。在海拔2 000米以上，景色大为改观，这里为针阔混交林带。3 000米处生长着魁伟的云南松和英武的台湾云杉。海拔3 000米以上，冷杉、雪松、云杉砌起一道封锁严寒的绿色长城。海拔4 000米以上，草甸抖开绣花碧裳，覆盖着山洼，怒江河谷又是一幅层次丰富、色彩浓艳的美丽图画。

怒江河谷最令人倾心的是花，全世界的杜鹃花约有800余种，在这里竟达400余种之多。山茶花的种类也不少，像玉兰、龙胆、报春、百合、垂头菊等，数不胜数。鲜花不仅以姝容媚色动人，更馈赠人们众多名贵的药材，如贝母、金耳、黄连、木香、当归、党参、乌头等，怒江河谷不愧是花的世界，药的宝库。在怒江河谷这座森林公园里，还活跃着许多种热带、亚热带的动物。如今，这里已划出两个自然保护区，来保护自然垂直景观带和各种珍贵稀有的野生动植物。美丽富饶的怒江河谷，将成为保护自然动植物的天然宝库。

亚热带

亚热带又称副热带，是地球上的一种气候地带。一般亚热带位于温带靠近热带的地区，大致在北纬23.5°～40°、南纬23.5°～40°附近。亚热带的气候特点是其夏季与热带相似，但冬季明显比热带冷。最冷月均温在0℃以上。

世界上的亚热带分为四种类型：

1. 大陆西岸型，即地中海型：夏季炎热干燥，冬季温和多雨，被视为典型的亚热带。

2. 大陆东岸型，即季风型：夏季湿热，冬季干冷。

3. 内陆型，即干旱草原与荒漠型：雨量稀少，全年干燥，温度差较大。

4. 山地型：指基底部分为亚热带的山地，垂直地带性是山地型亚热带的主要特征。其中，内陆型和山地型属于亚热带的过渡型。我国的亚热带，由于季风环流和青藏高原的影响，气候适宜，成为举世闻名的鱼米之乡。

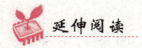

唐古拉山

唐古拉山是青藏高原中部的一条近东西走向的山脉，位于西藏。"唐古拉"为藏语，意为"高原上的山"，又称"当拉山"，在蒙语中意为"雄鹰飞不过去的高山"。唐古拉山海拔6 000米左右，最高峰各拉丹冬海拔6 600米以上。

唐古拉山山峰上有小型冰川，是长江、澜沧江、怒江等大河的发源地。唐古拉山气温低，有多年冻土分布，冻土厚度70~88米。植被以高寒草原为主，混生有垫状植物。

鸭绿江

鸭绿江位于吉林省和辽宁省东部，现是中国与朝鲜的界河，最下游为朝鲜内河。发源于长白山南麓的长白山天池，然后流向西南，流经吉林省的长白朝鲜族自治县、临江市、集安市、辽宁省的丹东市等地，沿中朝边界向西南流，汇集浑江、虚川江、秃鲁江等支流，在辽宁丹东的东港市附近向南注入黄海。鸭绿江干流全长795千米，流域面积6.4万多平方千米。沿岸有临江、集安等旅游城市和丹东、新义州等工业城市。

鸭绿江沿江为典型的大陆性气候，冬季寒冷，夏季温暖。鸭绿江上下游自然条件相差很大，7月份上游平均气温为18℃~22℃，中游平均气温为20℃~23.2℃，1月上游平均气温为-17℃~-22℃，中游平均气温为-14.8℃~-15.9℃，历年12月初至翌年4月中旬为江面冰封期，不能通航。由于位于丛山之中且离海洋不远，因此雨量充沛；降雨集中在6~9月，充足的雨水使针叶树和落叶树生长茂盛，森林为野生动物提供了安全的栖息地，兽类有野猪、狼、虎、豹、熊和狐狸，鸟类有雷鸟、雉鸡等，河中鲤鱼

鸭绿江

和鳗鱼甚多。

　　鸭绿江流域山地多，森林资源、地下矿藏和野生动植物资源都十分丰富，是我国重要的木材生产基地之一，驰名中外的"关东三宝"——人参、貂皮、鹿茸角、'乌拉草'就出产在这里。沿江一带土壤肥沃，气候湿润，雨量充沛，沿江可耕地约22万亩，下游的主要作物为水稻，在中、上游山区种植玉米、小米、大豆、大麦、甘薯和蔬菜等农作物，是当地主要的粮食产区，素有东北的"小江南"之称。鸭绿江水量比较丰富，主要由夏秋降雨补给，春季洪水由积雪溶化而成。江水碧绿清澈，游鱼可数，水中含沙量很少。由于冬季水浅和封冻，航运不甚发达，一年之内有 4～5 个月不

乌拉草

能通航，其余时间仅在水丰水库上、下游有少量船只通行。

鸭绿江流经多山地区，河谷狭窄，坡降大，全河总落差达2 400米以上，流域内降雨量较大，水力资源十分丰富，沿江有许多良好的建坝地址和施工场所，开发条件好。鸭绿江的水力资源开发以发电为主，结合防洪灌溉、航运流筏等综合利用。

 知识点

水丰水库

　　水丰水库位于辽宁，属东北区辽河—鸭绿江水系，是东北最大的水库，面积357平方千米，深度平均水深25.00米，最大水深102.00米，鸭绿江国家级风景名胜区的组成部分之一，水库养育着大量的优质鱼类，成为当地群众赖以致富的宝贵资源，每年的3～9月都是禁捕期。

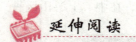 延伸阅读

鸭绿江大桥

长惠大桥

长惠大桥全称是中朝长惠国际大桥，是中朝边界鸭绿江上游第一桥，连接着我国东北长白朝鲜族自治县与朝鲜惠山市。长惠大桥全长148米，宽9米，于1985年10月23日建成通车。

临江鸭绿江大桥

临江鸭绿江大桥位于吉林省临江市区内，最早建于1935年，后靠近朝鲜一面的桥墩毁于战火。1955年5月，中朝双方重新将此桥修复畅通。桥长

600 余米，宽 10 余米，高 20 米。

集安鸭绿江大桥

集安鸭绿江大桥位于吉林省集安市区内，于 1937 年始建，1939 年 7 月 31 日竣工，桥长 589.23 米。1950 年 10 月 11 日，中国人民志愿军一部就是从此大桥最先秘密入朝的。

丹东鸭绿江大桥

丹东鸭绿江大桥位于辽宁省丹东市区内，大桥其实有两座，相隔不足百米。第一座桥于 1909 年 5 月动工，1911 年 10 月竣工，桥长 944.2 米，宽 11 米。第二座桥始建于 1937 年 4 月。现只剩下第二座丹东鸭绿江大桥。

图们江

图们江发源于我国长白山将军峰东麓，至密江后折向东南，流经中、朝、俄三国边境，出中俄边境的"土"字牌，经俄、朝之间注入日本海。全长 516 千米。干流从源头到珲春市防川的"土"字牌为中朝界河，长约 498 千米，"土"字牌至入日本海海口 18 千米。

图们江

图们江出海口地段处在东北亚地区的中心，向外，可以面对日本海沿岸各国；向内，则为广阔的东北亚地区腹地，地理位置十分优越。图们江干流两岸为我国东北、朝鲜和俄罗斯远东的滨海地区。由图们江出海，北通俄罗斯远东诸港，南达朝鲜半岛，东渡日本海直抵日本西海岸各港，并可通达太平洋沿岸各国各地区，乃至世界各地。

当世界经济中心由大西洋地区转向亚太地区的时候，东北亚则是联结和促进太平洋地区经济发展的最重要的交汇点。我国的东北地区，特别是吉林东部的图们江流域的经济发展，对东北亚沿海地区的经济合作与发展有着特别重要的意义。

图们江三角洲位于图们江入海口中、朝、俄三国交汇地带，它地形平坦，四周为侵蚀低山，为建设巨大的海港提供了优良的自然基础。目前，联合国开发署已决定在东北亚建立图们江经济区，包括以图们江三角洲的喀山为中心的一个蹄形的平原，由我国的珲春、俄罗斯的波谢特和朝鲜的罗津组成，以后进一步扩大为包括我国延吉、朝鲜清津、俄罗斯的符拉迪沃斯托克（海六崴）在内的较大地区，远期规划是进一步扩大为东北亚经济区，总面积达37万平方千米。

中、俄、朝、韩、日等国已达到协议，用15～20年的时间，从1995年起，投资30亿美元来把现在的渔村建成一个国际商业交通中心，建设现代化的交通通讯网络，建成一个年吞吐量达1～2亿吨的自由港口群。鹿特丹是荷兰的第二大城市，是世界最大的港口之一，素有"欧洲门户"之称，随着图们江三角洲经济区的开发和建设，"亚洲门户"东方"鹿特丹"将出现于世界的东方，那时，图们江将成为一条名副其实的通向世界的国际之江、希望之江。

图们江是注入日本海的一条最大的国际河流，也是我国进入日本海的唯一通道。日本海沿岸有800万平方千米的陆地，3亿多人口和富饶的资源。在这里，聚集着综合国力很强的大国俄罗斯的东西伯利亚和远东经济区，经济发达的日本，亚洲"四小龙"之一的韩国，发展中的中国以及朝鲜等，其国民经济总产值仅次于欧共体和北美统一市场。这里历来是东北亚各国海运交通的必经之所，东西方重要的战略海域。

 知识点

港　口

　　港口是具有水陆联运设备和条件，供船舶安全进出和停泊的运输枢纽。港口是水陆交通的集结点和枢纽，工农业产品和外贸进出口物资的集散地，也是船舶停泊、装卸货物、上下旅客、补充给养的场所。最原始的港口是天然港口，有天然掩护的海湾、水湾、河口等场所供船舶停泊。随着商业和航运业的发展，天然港口已不能满足经济发展的需要，须兴建具有码头、防波堤和装卸机具设备的人工港口，这是港口工程建设的开端。19 世纪初出现了以蒸汽机为动力的船舶，于是船舶的吨位、尺度和吃水日益增大，为建造人工深水港池和进港航道需要采用挖泥机具以后，现代港口工程建设才发展起来。

 延伸阅读

图们江国家级森林公园

　　图们江国家森林公园位于吉林省珲春林业局敬信林场，1997 年建园，建筑面积为 326.78 平方千米。该园东与俄罗斯接壤，界长 55 千米；西南边以图们江为界与朝鲜为邻，界长 75 千米；公园是以森林景观和森林游憩文化为主题，以山水为依托，以民俗民风为重点，以边境风光为特色，融观光旅游、生态保护、休养度假、娱乐健身、跨国旅游、边境贸易等综合功能为一体的国际性森林公园。

　　图们江国家森林公园旅游资源十分丰富。有以林海雪原为代表的自然生

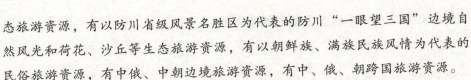

态旅游资源，有以防川省级风景名胜区为代表的防川"一眼望三国"边境自然风光和荷花、沙丘等生态旅游资源，有以朝鲜族、满族民族风情为代表的民俗旅游资源，有中俄、中朝边境旅游资源，有中、俄、朝跨国旅游资源。

澜沧江与眉公河

　　澜沧江是眉公河上游中国境内河段的名称，河源扎曲。澜沧江流经缅甸、老挝、泰国、柬埔寨、越南，在越南南部胡志明市南面入太平洋的南海，全长约 4 900 千米，总流域面积约 81 万平方千米，是亚洲流经国家最多的河，被称为"东方多瑙河"。澜沧江在我国境内长 2 179 千米，流经青海、西藏、云南三省，其中在云南境内 1 247 千米，流域面积 16.5 万平方千米，占澜沧江—湄公河流域面积的 22.5%，支流众多，较大支流有沘江、漾濞江、威远江、补远江等。

澜沧江

　　澜沧江上中游河道穿行在横断山脉间，河流深切，形成两岸高山对峙，坡陡险峻 V 形峡谷。下游沿河多河谷平坝，著名的景洪坝、橄榄坝各长 8 000 米。河道中险滩急流较多，径流资源丰富，多年平均径流量 740 亿立方米。水力资源理论蕴藏量 3 656 万千瓦，可能开发量约 2 348 万千瓦，干流为 2 088 万千瓦，约占全流域 89%。

　　澜沧江源区河网纵横，水流杂乱，湖沼密布，流经的地区有险滩、深谷、原始林区、平川，这里地形复杂，冰峰高耸，沼泽遍布，景致万千。气候具有寒冷、干燥、风大、辐射强、冷季漫长、无绝对无霜期等特点。年平均气温一般在0℃以下，降水空间分布由东南向西北递减，流域东部年平均降水量500毫米以上，西部年降水量在250毫米左右。年内降水分布具有冷季少，暖季多的特点。

澜沧江是一条国际河流，在我国叫做澜沧江，在东南亚被称为湄公河。

湄公河的名称源自泰语"迈公"，意思是"众水汇聚之河"，或"众水之母"。引申起来，又有"希望之母"和"幸福之母"的意思。湄公河哺育了两岸的人民，带来了丰富的农、林、牧、渔资源。

湄公河分为上、中、下游和三角洲四段。

从中、缅、老三国边界到老挝首都万象，是湄公河的上游，长约1 000千米。这一带地形起伏很大，形成许多激流和瀑布，沿岸长满葱绿的森林。开始300多千米，河身曲折而狭窄，多深邃的峡谷，经常出现悬崖峭壁，急流浅滩，人烟稀少，野兽出没，常有象群到河中戏水。往东，山势逐渐降低，

湄公河风光

但到了甘东峡谷，两岸又是悬崖插天，幽深的河谷只有在中午时才能见到太阳。过了琅勃拉邦，两岸又是一片原始森林，参天巨树高达50米以上，林间长满了稠密的竹子和羊齿植物。

从万象到巴色是湄公河中游段，长约700千米。在沙湾拿吉以上，地势平坦，河谷宽广，水流平静，全年可以通行200吨的轮船；沙湾拿吉以下，河谷穿越丘陵，有许多岸礁和浅滩，河床陡降，出现全河最长的锦马叻长滩，河水奔腾汹涌，波涛翻滚，急流总长约85千米。

从巴色到金边是湄公河下游段，长约500千米，河流流经起伏不大的准平原上，海拔不到100米，河身宽阔多汊流。在一些残丘、小丘紧夹或横贯河道的玄武岩脉等地段，构成了许多险滩激流。老挝、柬埔寨边境附近的孔瀑布宽达10千米，高21米，河水汹涌澎湃，是全河最大的险水段。桔井以下，湄公河展宽加深，水流缓慢，有许多沙洲、河曲和小湖沼。磅湛以下，原是一个海湾，经过泥沙长期沉积，成为古三角洲，海拔不到10米，最后剩下的水体叫洞里萨湖，湄公河借助于洞里萨河与洞里萨湖连接起来，在洪水期河水从湄公河流入湖中，平水位时则由洞里萨湖流入湄公河，这样，洞里萨湖就成了一个天然水库，起着调节湄公河下游水量的作用。这一带丘陵与平原上，有郁郁苍苍的橡胶林、咖啡园和胡椒园，田野上到处可见到世界少有的糖棕。

金边以下到河口，湄公河长300多千米，是新三角洲。这里河道分支特别多，湄公河在金边附近，形成"四臂湾"，接纳了洞里萨河后，先分为前江和后江两大支流，平行流经越南南方，又分成六大支流、九个河口，倾泻入海。这里的河水，随着干、湿季的变换，时清时浊，时缓时急。当它波涛翻滚，咆哮流泻时，状如巨龙。无数汊流，加上人工渠道，构成了一个交错密布的水网，岸边水椰子高耸挺秀，一派热带水乡风光。这里由于地势低洼，排水不良，形成许多沼泽地。新三角洲面积4.4万平方千米，海拔不到2米，地势坦荡，稻田、鱼塘和果园，一望无际，是个鱼米之乡。

湄公河每年入海水量平均约463亿立方米，水位变化很大，金边的洪峰和枯水位相差10米左右。5～10月，正值雨季，是最大汛期；秋后干季来临，流量减少，相差达60倍。

湄公河的水力资源很丰富，蕴藏有1 000万千瓦水力，许多峡谷地形有利于建设水电站。3 000吨的轮船从海口沿着九龙江溯江而上，可以直达金边。

 知识点

羊齿植物

就是蕨类植物，之所以叫这个名字就是为了形容蕨类植物特有的羽片状叶，中文往往翻译为"羊齿植物"或"真蕨类植物"。蕨类植物门分五纲：真蕨纲、石松纲、水韭纲、松叶蕨纲、木贼纲。后四纲都是小叶型蕨类植物，是一些较原始而古老的蕨类植物，现存在较少。真蕨纲是大型叶蕨类，是最进化的蕨类植物，也是现代极其繁茂的蕨类植物。

 延伸阅读

美丽的橄榄坝

橄榄坝是澜沧江在云南境内的一段，很多人都知道"到云南不到西双版纳，不算到过云南，到西双版纳不乘船游览澜沧江，则不算到过西双版纳，乘船游澜沧江不观赏橄榄坝风光，就不算到过澜沧江。"橄榄坝的地势低，气候湿热，一年四季热带植物青翠嫩绿，随处可见随风摇曳的椰子树，椰林深处隐藏着庭院式的傣家竹楼，竹楼四周围着竹篱笆，篱笆边种着仙人掌和小花果，拐角处或凤尾竹迎风摇曳，或菠萝蜜悬挂枝头，或香蕉树果实累累，一番迷人的热带风光。

长　江

　　长江是亚洲、中国第一长河，和黄河并称中华民族的"母亲河"。长江全长6 397千米，发源于青藏高原唐古拉山的主峰各拉丹东雪山，是世界第三长河，仅次于尼罗河与亚马孙河，水量也是世界第三。雪峰积存着大量的冰雪，融化的冰水汇集在姜根迪雪峰脚下，形成了滚滚长江的正源——沱沱河。

长江支流沱沱河

　　沱沱河是长江上游最长的一条河流，从各拉丹东冰川末端至当曲河口，全长约375千米。长江自沱沱河开始，经青海、西藏、四川、重庆、云南、湖北、湖南、江西、安徽、江苏和上海10个省、自治区、直辖市，注入东海。年平均流量高达31 900立方米/秒。长江自楚玛尔河、沱沱河、尕尔曲、布曲、当曲五河汇合成一股后，称为通天河。通天河到达青海省玉树县以后，叫金沙江。在四川宜宾以下，始称长江。长江东流途中，接纳了大约700多条大小支流，其中，岷江、嘉陵江、乌江、沅江、湘江、汉江、赣江等为著名的支流（其中汉江最长）。长江整个流域面积达180万平方千米，比黄河流域面积大2.5倍，占全国陆地面积的1/5，平均年入海总水量达10 000亿立方米。

长江的源头至湖北宜昌之间为上游，水急滩多，长约4 500千米，占长江长度的72.0%。流域面积100.6万平方千米，占流域面积的55.6%；宜昌至江西湖口为长江中游，曲流发达，多湖泊，长900多千米，占长江长度的14.7%。流域面积67.9万平方千米，占流域面积37.6%；湖口以下至入海口为下游，江宽，江口有水流堆积而成的崇明岛。长840多千米，占长江长度13.3%。流域面积12.3万平方千米，占流域面积的6.8%。长江水量和水力资源丰富，盛水期，万吨轮可通武汉，小轮可上溯宜宾。

长江在重庆奉节以下至湖北宜昌为雄伟险峻的三峡江段，世界最大的水利枢纽工程三峡工程就位于西陵峡中段的三斗坪。除此之外，还有葛洲坝水电站、丹江口水电站等一系列水利工程。

长江流域是中国巨大的粮仓，产粮几乎占全国的一半，其中水稻达总量的70%。此外，还种植其他许多作物，有棉花、小麦、大麦、玉米、豆类等等。上海、南京、武汉、重庆和成都等人口在百万以上的大城市都在长江流域。

长江中游湖北黄陂盘龙城遗址是已发现的长江流域第一座商代古城，距今3 500多年。城邑和宫殿遗址壮观齐全，遗址、遗物、遗骸中明显反

蜿蜒的长江

映了奴隶社会的阶级分群。属于商晚期的大冶铜绿山古铜矿是我国现已发现的年代最早、规模最大，而且保存最好的古铜矿。江西清江的吴城遗址是长江下游重要的商代遗址。1989年江西新干出土大量商代的青铜器、玉器、陶器，距今约3 200多年，具明显的南方特色。这些遗存对于了解至今仍较为模糊的长江流域商代文化，十分有含金量，具有很高的科学价值。

知识点

遗　址

　　遗址是指历史、审美、人种学或人类学角度看具有突出的普遍价值的人类工程或自然与人联合工程以及考古地址等地方。遗址的特点表现为不完整的残存物，具有一定的区域范围，很多史前遗址、远古遗址多深埋地表以下。人类在史前生活的遗存称为"史前遗址"；人类文明以后，历史年代久远的遗存称为"古代遗址"；历史年代不久远的遗存多属于具有特殊文化意义的纪念地；用于命名整个史前文化的遗址，被称做命名遗址。

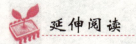
延伸阅读

长江中华鲟

　　中华鲟是我国特有的古老珍稀鱼类，它的吻尖突，口小无牙，身体呈椭圆筒形，口前有四条触须，用来搜寻水底的无脊椎动物、小鱼和其他食物。中华鲟鱼是大型洄游性鱼类。它们像游牧民族，生在江河里，长在海洋中，在那里成长、发育，成熟期约需9～12年。完全成熟后，再迁移到我国浅海地区进入河口，在那里发育、栖息。秋季，顺长江逆流而上，直至长江上游的金沙江一带产卵繁殖。幼鱼孵出后，便跟随着亲鱼远征，向河口、海洋游去。中华鲟鱼的寿命很长，可活一二百年。鱼体可长达 2 米以上，雌鱼体重约二三百千克。中华鲟鱼肉质肥美，卵可制鱼子酱，是珍贵食品。

黄　河

　　黄河是我国的第二大河，世界第五大河。黄河是中华民族的摇篮，与长江一起被誉为中华民族的"母亲河"。黄河流程达 5 464 千米，流域面积达 75 万平方千米。巴颜喀拉山北麓的约古宗列曲是黄河的正源，源头于巴颜喀拉山脉的雅拉达泽峰，海拔 4 675 米，平均流量 1 774 立方米/秒，在山东省注入渤海。从高空俯瞰，弯曲的黄河非常像一个巨大的"几"字，又像一条巨龙。

　　黄河的上、中游分界点为内蒙古的河口镇，上游河长 3 472 千米；中、

黄　河

下游分界点为河南省旧孟津，中游河长1 206千米。从桃花峪以下为下游，河长786千米。黄河的入海口河宽1 500米，一般为500米，较窄处只有50米，水深一般为2.5米，有的地方深度只有1.2～1.3米。

黄河流经青海、四川、甘肃、宁夏、内蒙古、陕西、山西、河南、山东等九省区，沿途汇集了40多条主要支流和千万条溪川，滚滚洪流，浩浩荡荡奔腾，最后在山东垦利县注入渤海。

黄河主要支流有白河、黑河、清水河、大黑河、无定河、汾河、渭河、洛河、沁河、大汶河等，其中渭河为黄河的最大支流。黄河干流上的峡谷共有30处，位于上游河段的有28处，位于中游段流的有2处，下游河段流经华北平原，没有峡谷分布。黄河干流有鱼类120余种，主要经济鱼类有花斑裸鲤、极边扁咽齿鱼、厚唇裸重唇鱼、瓦氏雅罗鱼、鲤鱼、鲫鱼等。

黄河携带大量泥沙滚滚而下

黄河中游河段流经黄土高原地区，因水土流失，支流带入大量泥沙，使黄河成为世界上含沙量最多的河流。据计算，黄河从中游带下的泥沙每年约有16亿吨之多，如果把这些泥沙堆成1米高、1米宽的土墙，可以绕地球赤道27圈。"一碗水半碗泥"的说法，生动地反映了黄河的这一特点。黄河多泥沙是由于几千年来，许多地区由于滥垦、滥牧、滥伐等恶性开发，引起森林、草原和耕地的严重退化以及水土流失和沙漠化。其流域为暴雨区，而且中游两岸大部分为黄土高原。大面积深厚而疏松的黄土，加之地表植被破坏严重，在暴雨的冲刷下，滔滔洪水挟带着滚滚黄沙一股脑儿地泻入黄河。由于河水中泥沙过多，使下游河床因泥沙淤积而不断抬高，有些地方河底已经高出两岸地面，成为"悬河"。

20世纪50年代以前，黄河常发生泛滥以至改道的严重灾害。有历史记载的2 000多年中，黄河下游发生决口泛滥1 500多次，重要改道26次。有文字记载的黄河下游河道，大体经河北，由今子牙河道至天津附近入海，称为"禹河故道"。公元前602年黄河第一次大改道起至1855年改走现行河道，其间1 128年间，河走现行河道以北，由天津、利津等地入海；以后走现行河道以南，夺淮入海，灾害波及海河、淮河和长江下游约25万平方千米的地区。每次决口泛滥都造成惨重损失。

新中国成立以来，国家在改造黄河方面投入了大量人力物力，黄河两岸的水害逐渐减少，昔日的黄泛区变成了当地人民的美好家园。

 **知识点**

水土流失

水土流失是指土壤及其他地表组成物质在水力、风力、冻融、重力和人为活动等作用下，被破坏、剥蚀、转运和沉积的过程。人类对土地的利用，特别是对水土资源不合理的开发和经营，使土壤的覆盖物遭受破坏，裸露的土壤受水力冲蚀，流失量大于母质层育化成土壤的量，土壤流失由表土流失、心土流失而至母质流失，终使岩石暴露。这就是水土流失的严重后果。

 延伸阅读

渤 海

渤海是我国的内海。三面环陆，在辽宁省、河北省、天津市、山东省之

间，基本为陆地所环抱，仅东部以渤海海峡与黄海相通，面积约 77 000 平方千米，平均深度 18 米。渤海周围有三个主要海湾：北面的辽东湾、西面的渤海湾、南面的莱州湾。由于辽河、滦河、海河、黄河等带来大量泥沙，海底平坦，饵料丰富，是我国大型海洋水产养殖基地。盛产对虾、黄鱼。沿岸盐田较多，以西岸的长芦盐场最著名。主要岛屿有庙岛群岛、长兴岛、西中岛、菊花岛等。近年在渤海海底发现丰富的石油，现已大规模开采。

海 河

在我国华北平原，有一条河流，滔滔河水，滚滚东流，这就是著名的海河。

海河起自天津市西部的金刚桥，东至大沽口，注入渤海，全长 1 090 多千米。它的上游有南运河、子牙河、大清河、永定河、北运河等 5 条河流和 300 多条支流。海河和这些支流，像一把巨型的扇子铺在冀东大地，组成了我国华北地区最大的水系——海河水系。

海河水系所流经的地区西起太行山，东临渤海，北跨燕山，南界黄河。河北省的大部分地区都处在海河流域。首都北京市和著名的工业城市天津市坐落在海河流域的东北部。全流域面积 26.5 万平方千米。

海河水系大部分源于西面黄土高原的太行山脉和燕山山脉，上游山区支流多，坡度陡，源短流急；中游地势平坦，河水流速缓慢。海河的许多支流，从高原进入平原以后，为什么不继续东流单独入海，而是挤在一起由一个通道出海呢？这是因为海河流域南部属于黄河泛滥堆积的三角洲，泥沙堆积多，地势高，因而整个海河流域的地势南面高北面低，天津地区地势最低。海河水系的五大支流就在地势最低的天津地区集中起来，然后通过河道并不宽大的海河流入渤海。一条河流，支流这么多，出海口又只有一个，每当暴雨一来，各支流大量洪水同时涌出海河，海河就"吃不消"，于是河水破堤而出，发生泛滥。而且，海河各条支流带来很多泥沙，河道淤塞相当严重，加上黄

海河沿岸

河经常泛滥，侵夺和淤塞海河南部各支流，严重地削弱了海河的排洪能力。洪水一来，海河流域千里平原汪洋一片。

　　根据历史记载，从 1368—1948 年的 580 年间，海河流域水灾就有 387 次，旱灾 407 次，而且许多年份，还是水旱交替，重复受灾。在低洼地区，由于上游来的洪水和当地雨水没有出路，不仅庄稼被淹，年深日久又造成土地碱化，成了"春天白茫茫（土地盐碱），夏天水汪汪，种地难保苗，见碱不见粮"的苦地方。

　　新中国成立后，针对海河流域危害最大的洪水灾害，政府首先抓了防洪工程。整修了残破堤防，清理了潮白河、永定河的中下游河道，开辟了一些分洪河道和排水渠，并在永定河上游，兴建了海河流域第一座大型水库——官厅水库。海河流域的两岸人民先后开挖了宣惠河、黑龙港河、子牙新河、滏阳新河、独流减河、永定新河以及德惠新河等骨干河道 24 条，总长度达 2 500 多千米。修筑了 17 条大型防洪大堤，总长度达 1 690 千米。这些骨干河道再配上许多支流和沟渠，大大增强了海河的防洪排涝能力。特别重要的是，新开挖的河道有好几条都是直接入海，比如子牙新河、滏阳新河、永定新河以及北京排污河等，都是如此。这样，如遇大水，海河许多支流的洪水，可以分头排到渤海去，不必再拥挤到天津地区由海河出海了。这就从根本上提高了海河的排洪速度，使海河防洪排涝能力大大提高，基本上免除了这些河道经过的地区洪涝灾害对工农业生产的威胁。

但是，海河流域的洪水只发生在七八月间的很短的几天时间里，一年当中的大部分时间，降雨很少，气候比较干燥，特别是春旱比较严重。因此，治理海河，既要考虑防洪排涝，又要重视防旱抗碱。为了做到"遇旱有水，遇涝排水"，在整治海河河道的同时，还需在那些地势低洼、易涝易碱的地区，修台田，治盐碱，并且在山区植树造林，修建拦蓄洪水的水库。通过治理，宽敞的河道、牢固的大堤，像一条条玉带平铺在海河流域的广阔平原上。在纵横交错的河流、渠道上，数万座桥梁、闸、涵洞修筑起来了，几个主要入海口，都耸立着雄伟的防潮闸，平时，它可以使上游来的淡水存在河道里，把海水挡在外面，做到咸淡分家，洪水来了，又可排洪入海。今日的海河，正在由千年害河变为造福于海河流域广大人民的利河。

坡　度

坡度是表示地表单元陡缓的程度，通常把坡面的垂直高度 h 和水平宽度 l 的比叫做坡度，或叫做坡比。坡度的表示方法有百分比法、度数法、密位法和分数法四种，其中以百分比法和度数法较为常用。

1. 百分比法：即两点的高程差与其水平距离的百分比，其计算公式如下：坡度 ＝（高程差/水平距离）×100%。

2. 度数法：用度数来表示坡度，利用反三角函数计算而得，其公式如下：坡度 ＝高程差/水平距离。

延伸阅读

太行山脉

太行山脉又名五行山、王母山、女娲山等，北起北京西山，南达黄河北岸，绵延700余千米，太行山北高南低，大部分海拔在1 200米以上。2 000米以上的高峰有河北的小五台山、灵山、东灵山，山西的太白山、南索山、阳曲山、白石山等。北端最高峰为小五台山，高约2 800多米；南端高峰为陵川的佛子山、板山。太行山山势东陡西缓，西翼连接山西高原，东翼由中山、低山、丘陵过渡到平原。太行山中多雄关，著名的有位于河北的紫荆关，山西的娘子关、虹梯关、壶关、天井关等。山西高原的河流经太行山流入华北平原，流曲深邃，峡谷毗连，多瀑布湍流。河谷及山前地带多泉水。太行山脉东侧华北平原温暖湿润，属夏绿阔叶林景观；西侧黄土高原属半湿润至半干旱过渡地区，是森林草原、干草原景观，温度、湿度都较东部低。太行山的自然植被垂直差异悬殊，如小五台山一带南坡，1 000米以下为灌丛，有榭树群落分布；1 000米以上偶有云杉或落叶松。北坡1 600米以下是夏绿林，1 600～2 500米是针叶林，2 500米以上是亚高山草原。

珠 江

珠江，或叫珠江河，旧称粤江，是中国境内第三长河流，按流量为中国第二大河流。珠江横贯我国南部的滇、黔、桂、粤、湘、赣六省（自治区）和越南的北部，全长2 214千米，流域总面积45万多平方千米，其中44万平方千米在中国境内，1万多平方千米在越南境内。珠江是一条与众不同的河流。它没有同一的发源地，没有统一的河道，也没有共同的出海水道。一般来说，珠江是指几条从山区来的河流在珠江三角洲汇合，直到出海口的那一段。但是这里河道很多，小的不计，比较大的就有34条之多，出海口共有虎

黄昏时的珠江

门、焦门、洪奇沥、横门、磨刀门、鸡啼门、虎跳门、崖门等8处，到底哪一条才称"珠江"呢？

珠江并不是一条单一的河流，而是西江、东江和北江这三条河流的总称。

水量丰盈的珠江，航运非常便利，西江、东江和北江都有比较长的河道可通轮船。珠江的干流支流加在一起，有30 000千米长，其中常年可以通航的里程达10 000千米，还有5 000千米的河道可以通航轮驳船。所以，就航运价值来说，珠江仅次于长江，是名副其实的南方大动脉。珠江流域在中国境内面积104.21万平方千米，另有111万余平方千米在越南境内，珠江河口冲击成珠江三角洲。

珠江三角洲的大致范围在三水、石龙和崖门之间，面积大约为11 300平方千米，由西江三角洲、北江三角洲、东江三角洲三部分组成。这里土地肥沃，物产丰饶，人口稠密，文化发达，是"稻米如脂蚕茧白，蕉稠蔗密塘鱼肥"的鱼米之乡，以及工、农、商、贸、旅游各业一齐腾飞的华南经济最发达地区。

珠江三角洲地处亚热带，北回归线横贯流域的中部，气候温暖湿润，多年平均温度在14℃～22℃，多年平均降雨量1 200～2 200毫米，降雨量分布明显呈由东向西逐步减少，降雨年内分配不均，地区分布差异和年际变化大。没有寒冷的冬季，各种农作物全年可以生长，水稻一年三熟。深秋，祖国的北方已是金风阵阵，草木凋零，可是在这南国的原野上，却仍然是花红柳绿，满眼青翠。在这片肥美富饶的平原上，

珠江三角洲

稻田密布，桑蔗蔽野，果木成林。广州、东莞、石岐、新会范围内的广大冲积平原，是十分重要的双季连作稻的产区，每当收获季节，一片金黄色的丰收美景，素有"广东粮仓"的美称。珠江三角洲又是我国糖蔗的主产区，具有1 000余年的种蔗制糖的历史。"蔗基鱼塘"利用海滩围垦后种蔗，蔗田面积大，产量高。由于甘蔗种植业的迅速发展，制糖工业也蒸蒸日上。

珠江三角洲也是盛产蚕桑、塘鱼的重要基地。早在2000年前的两汉时期，这里已有种桑、饲蚕和丝织的生产活动。到清代中期，洼田改成鱼塘，洼田区变成了基塘区。基塘的利用，首先是"凿池蓄鱼"，基面"树果木"，以后才逐渐演变成"塘以养鱼，堤以树桑"的"桑基鱼塘"的生产方式。种桑、养蚕和养鱼三者之间的连环生产体系，是桑塘地区农业经营的主要特色之一。利用桑叶饲蚕，蚕粪落塘养鱼，塘泥上基肥桑，循环利用，互相促进，充分反映出桑、蚕、鱼三者间连环生产的密切关系："蚕壮，鱼肥，桑茂盛，塘肥，桑旺，茧结实。"

珠江三角洲作为我国著名的生丝生产地，与太湖平原、四川盆地并列为

我国三大蚕桑区。

珠江三角洲还是我国著名的水果、蔬菜、花木产区。早在汉代，珠江三角洲已有蔬菜的栽培，在长期的生产实践中，珠江三角洲人民不仅培育了大批适应性强的蔬菜品种，而且还创造和积累了丰富的栽培经验。如水生栽培、促成栽培、软化栽培、立体栽培的耕作方式，实行瓜（或豆）、姜、薯（或葛）、芋等混、间、套作等。珠江三角洲也是著名的热带、亚热带水果产区，果树资源丰富，先后见于记载而且比较常见的果树有五六十种，其中以荔枝、柑橘、香蕉、菠萝等果实品质最佳，数量最大，为三角洲的"四大名果"而驰名中外。果树栽培以广州郊区较为集中，以荔枝、龙眼、柑橙为主，新会以柑橘类为特产，东莞以香蕉最闻名。此外，番禺、中山、宝安等地也盛产荔枝、香蕉、菠萝、乌榄等水果。

珠江三角洲花木资源也极为丰富，早在 2000 多年前，古南越的花木如桂、密香、指甲花、菖蒲、留求子（使君子）等就曾被移植到汉代的京都长安。长期以来，广州城西南的花地（花棣）、顺德的陈村、弼教，中山的小榄，珠海的湾仔都是重要的花木产地，各种花木如茉莉、含笑、夜合、鹰爪兰、珠兰、白兰、玫瑰、夜来香等，都得到广泛种植。花卉除了可供观赏外，柚花、茉莉、素馨等还可加工制造"龙涎香"、"琼香"、"心宇香"等。随着广大人民群众生活水平的不断提高，花木生产成为绿化祖国，美化环境，丰富人们生活内容的重要方式之一。

知识点

北回归线

北回归线是太阳在北半球能够直射到的离赤道最远的位置，是一条纬线，大约在北纬 23.5°。实际上，北回归线的位置并非固定不变，只是在北纬 23.5° 正负一度的范围内变化。

QIMIAO DE JIANGHE HUPO

　　北回归线是太阳光直射在地球上最北的界线。每年夏至日（6月22日左右）这一天这里能受到太阳光的垂直照射，然后太阳直射点向南移动。北半球北回归线以南至南回归线的区域每年太阳直射两次，获得的热量最多，形成为热带。因此北回归线是热带和北温带的分界线。

延伸阅读

珠江出海口

　　珠江出口门共有 8 个，称之为八大口门。东边注入的有虎门、蕉门、洪奇沥和横门；西边注入的有磨刀门、鸡啼门、虎跳门和崖门。

　　虎门位于东莞市沙角，通过虎门注入珠江口的径流包括东江的全部径流，西、北江的部分径流以及珠江三角洲本身的部分径流。虎门的潮汐吞吐量居八大口门之首，虎门的年径流量为 603 亿立方米，占珠江入海总径流量的 18.5%。

　　蕉门位于番禺县广兴围、虎门江以西约 8 千米处，是蕉门水道的出口。蕉门的年径流量为 565 亿立方米，占珠江入海总径流量的 17.3%。

　　洪奇沥位于番禺县沥口，是洪奇水道的出海口门。洪奇沥的年径流量为 209 亿立方米，占珠江入海总径流量的 6.4%。

　　横门位于中山市横门山，距洪奇门 4 千米，是横门水道的出海口。横门口的年径流量为 365 亿立方米，占珠江入海总径流量的 11.2%。

　　磨刀门位于珠海市，是西江径流的主要出海口门。磨刀门的年径流量 923 亿立方米，占珠江入海总径流量的 28.3%。

　　鸡啼门位于斗门县大霖，邻接磨刀门内海区的西侧，是鸡啼门水道的出海口。鸡啼门的年径流量为 197 亿立方米，占珠江入海总径流量的 6.1%。

虎跳门位于斗门县蠔蛛仔，是虎跳门水道的出海口门。虎跳门的年径流量202亿立方米，占珠江入海总径流量的6.2%。

崖门位于新会县崖南，是银洲湖的入海口门，它与虎跳门均位于黄茅海湾的头部。崖门是珠江八大口门中最西边的一个口门，潭江流域的径流主要通过银洲湖从崖门出海。崖门年径流量196亿立方米，占珠江总入海径流量的6%。

淮 河

淮河，是中国七大江河之一，流域面积跨豫、皖、苏、鲁及湖北5省的182个市、县，约27万平方千米，近2亿亩耕地。淮河流域本来是一个航运畅通、灌溉便利、两岸沃野千里的好地方，民间曾流传着"走千走万，比不上淮河两岸"的谚语。但是在1194—1494年间，黄河曾经先后两次决口，改道南下，抢占了淮河河道，与淮河合流共同东流进入黄海。在这期间，黄河带来的大量泥沙，把淮河的河床，特别是下游的河床，淤得高高的。可是到了1855年，黄河重新回到北面，流入渤海，而这时的淮河，因为黄河回到北面去了，水量少了，没有力量把淤积的泥沙冲走，原来淮河的出海河道就变成了一条干涸的高出地面的沙堤，堵塞了淮河的出海通道。从此以后，淮河就不能直接向东流入黄海，只能转弯抹角，向南流入长江，借道流入东海。

淮河水

　　淮河干流发源于河南省南部的桐柏山，东流经过河南、安徽，到江苏省注入洪泽湖，然后由三江营入长江，全长约 1 000 千米，干流流域总面积约 18.7 万平方千米，它北面汇集了颍、涡、浍、沱等支流，南面又有许多水量丰富的支流加入。淮河长度虽只及黄河的 1/5，水量却等于黄河的 2/3。

　　淮河流域地处我国南北气候过渡带，属暖温带半湿润季风气候区，其特点是：冬春干旱少雨，夏秋闷热多雨，冷暖和旱涝转变急剧。年平均气温在 11℃～16℃，由北向南，由沿海向内陆递增，最高月平均气温在 25℃左右，出现在 7 月份；最低月平均气温在 0℃，出现在 1 月份；极端最高气温可达 40℃以上，极端最低气温可达 −20℃。

　　淮河流域多年平均降雨量约 911 毫米，总的趋势是南部大、北部小，山区大、平原小，沿海大、内陆小。淮南大别山区淠河上游年降雨量最大，可达 1 500 毫米以上，而西北部与黄河相邻地区则不到 680 毫米。东北部沂蒙山区虽处于本流域最北处，由于地形及邻海缘故，年降雨量可达 850～900 毫米。流域内 5 月 15 日～9 月 30 日为汛期，平均降雨量达 578 毫米，占全部年降雨量的 63%。

知识点

亚洲季风分为东亚季风和南亚季风

东亚季风

成因：海陆热力性质差异。

风向：冬季西北风，夏季东南风。

南亚季风

成因：气压带和风带的季节移动和海陆热力性质差异。

风向：冬季东北风，夏季西南风。

延伸阅读

桐 柏 山

桐柏山位于河南省、湖北省边境地区，其主脊北侧大部在河南省境内，属淮阳山脉西段。桐柏山是淮河的发源地，全长约120余千米。桐柏山主峰太白顶，海拔1 140米，又名凌云峰、白云山等。桐柏山内奇峰竞秀，层峦叠嶂，森林密布，瀑泉众多，景象万千，更难得的是桐柏山还具有南北气候交汇区位最为完整的自然生态环境和中原罕见的原始次生植被。每当冷空气过境，山间的云雾或淡薄飘渺，或绵厚稳重，或雄伟壮丽，或瞬间变幻，峰顶犹如孤岛，脚下一派云海，蔚为壮观。

红水河

在我国的西南地区，那红色的土壤，苍翠的高山，陡峻的峡谷，奔腾的激流，还有火红的木棉花，都给人留下不可磨灭的印象。

红水河

在这美丽的红色土地上，有一条水色红褐的河流在静静地流淌，它就是红水河。

红水河发源于滇东沾益县的马雄山，流至滇、黔、桂三省区交界处，东流成为黔、桂两省区的界河，到贵州望谟县与北盘江汇合后始称为红水河，至象州县石龙镇三江口止，全长659千米。在三江口与柳江汇合后则称为黔江，直到桂平，长约 123 千米。泛指的红水河是从南盘江的支流黄泥河口到桂平，全长 1 049 千米，流域面积 19 万平方千米。

红水河是珠江流域西江水系的干流，它的水能资源蕴藏极为丰富。上游南盘江长 927 千米，总落差为 1 854 米，与北盘江汇合称红水河后，长 659 千米，落差为 254 米。红水河的长度虽远不如黄河，但平均水量却是黄河的 1.4 倍。红水河不仅水量丰富，而且急滩跌水不断。自天生桥梯级正常蓄水位 780 米至大藤坝直线天然枯水位 23.05 米，共有落差 7 565 米。尤其是天生桥至纳贡一段 14.5 千米，集中落差达 181 米，天峨附近河段达 50 米/千米。

红水河不仅水量丰富，落差很大而且集中，因此具有修建高库大坝的有利地形，工程地质条件和技术经济指标都很优越，红水河是我国进行水电梯级开发的重要基地之一。早在 20 世纪 50 年代，我国就开始了对红水河流域水电资源的调查和开发研究。80 年代，红水河水电开发提到了十分重要的位置，提出了以发电为主，兼顾防洪、航运、灌溉、水产等综合利用的开发方针。1981 年国家能源委员会和国家计划委员会通过了《红水河综合规划报告》，提出了南盘江、红水河段分十个梯级进行开发，建设天生桥一级、天生桥二级、平班、龙滩、岸滩、大化、百龙滩、恶滩、桥巩、大藤峡 10 座水电站，加上南盘江支流黄泥河的鲁布革电站，共 11 座，总装机容量 1 313 万千瓦，年发电量 5 329 亿千瓦时。

天生桥一级是南盘江、红水河梯级开发的龙头电站。在高峻陡峭急流的峡谷河段，从 1991 年开工，修筑一座高 178 米，坝顶长 1 137 米的面板堆石坝。大坝建成后，形成一座长 1 275 千米，水面 176 平方千米的山间巨型水库，总蓄水量达 102.5 亿立方米。1994 年底天生桥一级电站也实现安全截流。天生桥二级电站是一座低坝长引水隧洞的电站，它利用河湾集中 181 米的水头引水发电。该电站最艰巨的工程是引水隧洞，从首部引水口至下游发电站，穿过高 400 米的山体，开凿三条直径为 97 米和 108 米，平均长 955 千米的隧洞。首部重力坝长 470 米，水库总库容 0.26 亿立方米。电站第一台机组已于 1992 年 12 月投产发电。岩滩电站坝高 110 米，坝顶长 525 米，水库

总库容 335 亿立方米。1985 年开工，1987 年 11 月截流，1992 年 9 月第一台机组投产发电，1994 年全部建成。龙滩水电站位于龙滩两岸高山峡谷中，水库总库容 2 727 亿立方米，它是红水河最大的一座梯级电站，也是仅次于长江三峡电站我国修建的第二大水电站。

红水河上的这 11 座水电站，好比一串璀璨的明珠，当它们全部建成后，将放射出举世瞩目的光彩。对于改善红水河流域的航运灌溉状况，振兴西南经济，解决西南地区能源紧张的矛盾具有十分重要的意义。

干 流

由两条以上大小不等的河流以不同形式汇合，构成一个河道体系，而干流则是此河道体系中级别最高的河流，它从河口一直向上延伸到河源。如黄河干流全长 5 400 多千米，分为上游、中游及下游三个河段。在一个水系中，流入干流的河流叫做一级支流，流入一级支流的河流叫做二级支流，其余依此类推。例如，嘉陵江、汉江、岷江等为长江一级支流；唐白河、丹江等流入汉江的河流则为长江的二级支流。

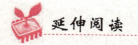

红水河的传说

相传盘古开天地后，天上的太阳将温暖的阳光洒向人间，使大地万物得以生长，老百姓得以繁衍。但不知什么时候，天上同时出现了 12 个太阳，不分昼夜肆意烘烤着大地，连岩石都被烤焦了，居住在红水河附近的布依儿女过着悲惨的生活。部落首领召集大家商议，决定派一位大力士把天上多余的太阳射落，还人间一个和谐。于是，大家集体推荐勇敢善于射箭的黄道担此重任，黄道也欣然前往。黄道背着弓箭爬上高大的马桑树梢，拉弓射日，当天空中只剩下两个太阳时，两个太阳中的一个便纵身跳到了山脉底的沟壑中摔得粉身碎骨，飞溅的血水顿时化为了日夜奔腾不息的河流，既红水河。而另一个太阳则又循规蹈矩地按时东升西落，用温暖和煦的阳光普照众生。红水河滋润着两岸的土地，布依儿女因靠着红水河耕种而过着幸福的生活，他们又称红水河为太阳河，他们自称为太阳部落的子民。

伊犁河

在我们祖国的西北边陲，有一条著名的内陆河，这就是伊犁河。它与阿姆河、锡尔河一起被称为中亚的三大内陆河，也是我国河川径流量最丰富的内陆河流。

伊犁河以特克斯河为主流，特克斯河发源于天山西段汗腾格里峰北坡，自西向东流，然后折向北流，穿过萨阿尔明山脉，与巩乃斯河汇合，这时始称伊犁河。伊犁河向西流至伊宁附近有喀什河注入，以下进入宽大的河谷平原，河床开阔，支汊众多，渠系纵横，在接纳支流霍尔果斯河后流出国境，进入哈萨克斯坦，最后注入巴尔喀什湖。所以，伊犁河是我国属于中亚细亚内陆河的主要河流，也是我国重要的国际河流。

伊犁河在我国境内流域集水面积约 6.1 万平方千米，是天山内部最大的谷地。流域内地势由一系列东西走向的山地和谷地所组成。南部的哈尔克山，一般高度在 5 500 米以上，在汗腾格里峰一带有 7 000 米左右的群峰，发育着天山最大的山谷冰川，是伊犁河流域与阿克苏河、渭干河流域的分水岭。北部的婆罗科努山以及它东面的依连哈比尔尕山则是与玛纳斯河水系及开都河流域的分水岭。

伊犁河流域由于谷地向西敞开，使西面来的大西洋温暖而湿润的水汽可以长驱直入，形成较多的降水。特别是在春季，气旋过境频繁，所以春季降

伊犁河

水在年降水量中占有较大的比重，这与我国干旱区的其他地方春季降水很少的状况大相径庭。与此同时，流域的北、南、东三面高山环列，阻挡了北面来的干冷气流的袭击，使平原的气温比其他同纬度地区要高，为越冬作物创造了极有利的条件。而夏季，来自塔里木盆地与准噶尔盆地的干热气流又难以到达，形成了温和而较湿润的气候，适宜于小麦、玉米、大麦、薯类等粮食作物和油菜、胡麻、甜菜等经济作物的生长。因此，伊犁河流域自古就得到开发利用，建立了乌孙国。清代林则徐也曾在伊犁与当地人民一起兴修水利，发展农业生产。直到如今，伊犁河流域仍然是新疆著名的粮仓、油料和瓜果之乡。

伊犁河各支流在进入平原时，普遍切穿了山地，形成了峡谷段，为发展水电提供了极为有利的条件。其中仅喀什河从河尔图至雅马渡，水能蕴藏量就达 120 万千瓦，可布置 17 个梯级。著名的有吉林台峡谷、马扎尔峡谷等。伊犁河流域内还拥有国内少有的高草草原，培育出的伊犁马、新疆细毛羊闻名国内外。伊犁河的鱼类很多，其中西伯利亚鲟鱼是珍贵品种。在巩留具山地还保留有较大面积的雪岭云杉天然森林。伊犁的啤酒花、莫合烟驰名国内，新源县的伊犁特曲酒，被誉为新疆茅台。

内 陆 河

　　内流河又称内陆河，指不能流入海洋、只能流入内陆湖或在内陆消失的河流。这类河流的年平均流量一般较小，但因暴雨、融雪引发的洪峰却很大。内流河一般不长，部分内流河下游水流会逐渐消失，有的会注入湖泊，形成内流湖。但它们水一般比较咸，因为河流在流淌过程中，从河岸带走大量盐分，所以水比较咸。内流河多分布在降水稀少的半干旱和干旱地区，发育在封闭的山间高原、盆地和低地内，支流少而短小，绝大多数河流单独流入盆地，缺乏统一的大水系，水量少，多数为季节性的间歇河。内流河分布的区域称内流区域（或内流流域）。伏尔加河是世界第一长内流河。我国第一大内流河为塔里木河，曾注入罗布泊。

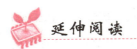

延伸阅读

巴尔喀什湖

　　巴尔喀什湖又名巴勒喀什池，地处哈萨克斯坦共和国的东部。在世界众多的湖泊中，它因湖水一半为咸一半为淡而独具特色。

　　巴尔喀什湖是一个内陆冰川堰塞湖，是世界第四长湖，东西长约605千米，南北宽8~70千米，面积1.83万平方千米。湖面分为两个水域，西半部广而浅，东半部窄且深。巴尔喀什湖流经我国新疆的伊犁河，接纳了大量的来自天山的冰雪融水注入巴尔喀什湖西部，占总入水量的75%~80%，而湖东部因缺少河流注入，加之湖区气候干旱，远离海洋，湖水大量蒸发而使湖水含盐量增多，因而形成了西淡东咸的一湖两水现象。整个湖区属大陆性气

候。西部年平均气温10℃，东部年平均气温9℃。由于西半部注入水量多，因此湖水常年自西向东流。西半部湖水与东半部湖水两湖之间有一狭窄的水道相连。北岸是岩石高地，有古代阶地的痕迹；南岸是低凹的沙地，芦苇丛生，中多小湖沼，经常被湖水淹没。

塔里木河

在我国西北荒漠地区，蜿蜒流动着一条自西向东横贯于新疆大地的河流，它就是我国最长的内陆河，也是世界上最大的内陆河流之一的塔里木河。

塔里木河

我国西北广大干旱区，降水量小而蒸发量却大得惊人。在那里，地面上的河流，不仅少而且很短，常常是流到不远的地方就不见了。可是，塔里木河却源远流长，达2 700多千米，比珠江的最大支流西江还要长700多千米。塔里木河的水是从哪里来的呢？

塔里木河的水是从塔里木盆地周围的高山，特别是从地势高耸的天山和昆仑山来的。因为天山和昆仑山山势高，山顶冰雪多，每当夏季，积雪消融，汇成河流。

塔里木河有三大支流，第一条是阿克苏河，它发源于天山山脉中山势最高的腾格里山脉。塔里木河的水，有60%～80%是由阿克苏河供应的。

第二条支流叫和田河，它发源于山势最高的西段昆仑山。这条河长806千米，水量也很丰富。只是由于横越400千米宽的塔克拉玛干大沙漠时，沿途蒸发和渗漏，水量消耗不少，所以流进塔里木河的水，已为数不多，而且一年中，只有在洪水期才有水流进塔里木河，但是它的水量，仍占塔里木河总水量的 10% ~30% 。

塔里木河的第三条重要支流就是叶尔羌河。叶尔羌河发源于喀拉昆仑山和帕米尔高原，流长 1 079 千米，是塔里木河最长的一条支流，水量十分丰富。但是，叶尔羌河流出山口后，流过泽普、莎车、麦盖提、巴楚、阿瓦堤等县广大地区时，因大量消耗，能进入塔里木河的水已经很少了。为了充分利用水源，人们在巴楚筑了一条拦水坝，因此，叶尔羌河只在每年 7 ~9 月的洪水期，才有少量水流入塔里木河，这些水量约占塔里木河总水量的 4% ~5% 。

在地图上，我们可以看到从巴楚到塔里木河的叶尔羌河以及横越塔克拉玛干的和田河都是虚线，说明这些河流只有在多水的季节才有水流过。这样的河流，我们称为季节性河流，又称为间歇性河流。

阿克苏河、和田河以及叶尔羌河等三条支流汇合以后，先是向东，然后向东南流入塔里木盆地东南部的台特马湖，全长 1 100 千米。在这一大段流程中，基本上没有支流加入。所以愈到下游，河流水量愈趋减少。同时河道里泥沙堆积又很快，使河床变浅加高。这样，就像黄河下游过去所出现的情况那样，每当洪水期就经常决口、改道，游荡不定。塔里木河的南迁北徙，必然引起下游湖泊的变动，罗布泊就是这样。

许多人把罗布泊看作是一个怪湖，因为它老是神出鬼没，游移不定。在汉代，它的位置在塔克拉玛干沙漠的东北边缘，大约与现在的位置相当。到1876 年，它已悄悄地搬到相距 100 千米以南的地方去了。1921 年，人们发现它又回到了北面的老家。后来人们才弄清楚，罗布泊的迁徙和塔里木河的改道是联系在一起的。当塔里木河摆到北面和孔雀河合在一起的时候，塔里木河的水就通过孔雀河进入到北面的洼地里面，形成湖泊，这就是罗布泊。当塔里木河摆到南面时，塔里木河的水就向东南流，进入另一个洼地，形成湖泊，这就是台特马湖，也有人称它为南罗布泊。在这种情况下，北面的罗布泊就因为缺乏水源而缩小、干涸，以至最后消失。当塔里木河又摆回北面时，罗布泊就又会重新出现，而南面的台特马湖就干涸、消失。如此反复交替，使人以为罗布泊是一个游移不定的湖泊。

塔里木河的摆荡，罗布泊的迁移，都引起大片农田、牧场和城镇的兴废。在汉代，塔里木河注入罗布泊，因为有了水，人们就在那里从事农业生产，发展畜牧，并且逐渐发展成为一个部落，当时称为"楼兰国"。但后来由于塔里木河改道流入南面的台特马湖，人们只好跑到台特马湖周围重建家园，而罗布泊畔的这个古国就只留下了几片断垣残壁。

塔里木河的水量主要靠高山冰雪融水补给，夏秋季节，气温升高，塔里木河的上游出现洪水期，这时河水水量急剧增加，但到春季，枯水期到来，正是作物需水灌溉的季节。河流水量却急剧减少，个别河段还长时间断流。为了解决这一矛盾，新中国成立后，修筑了拦河大坝，截断了塔里木河流入罗布泊的水流，使河水向南流入台特马湖，沿河湖两岸的生产得到了稳步的发展。

季节性河流

季节性河流又称间歇性河流、时令河，指河流在枯水季节，河水断流、河床裸露；丰水季节，形成水流，甚至洪水滔滔。这类河流通常流经高温干旱的区域，而且年平均流量较小，但因暴雨、融雪引发的洪峰却很大。比如我国最大的内陆河塔里木河流经高温干旱的塔克拉玛干大沙漠，部分支流和干流就形成季节河流。我国的内流河多为季节性河流。现时因人类对河流的过度引水、截流会使常年河流变成季节性河流。

塔里木盆地

　　塔里木盆地是我国面积最大的内陆盆地，位于我国西北部天山和昆仑山、阿尔金山之间。塔里木盆地大体呈菱形，东西长约 1 500 千米，南北宽约 600 千米，面积达 53 万平方千米，海拔高度在 800～1 300 米。塔里木盆地地势西高东低，盆地的中部是著名的塔克拉玛干沙漠，边缘为山麓、戈壁和绿洲。由于深处大陆内部，周围又有高山阻碍湿润空气进入，盆地年降水量不足100 毫米，大多在 50 毫米以下，极为干旱。

钱塘江

　　钱塘江是我国东南沿海一条重要的河流，浙江省会杭州的生命线。钱塘江流域内人口稠密，资源富饶，经济发达，为浙江的经济重地。

　　钱塘江全长约 605 千米，流域面积 4.88 万平方千米。钱塘江源出何处，长期以来众说纷纭。20 世纪 80 年代中，浙江科协 14 位科技工作者对此进行了专门考察，认为发源于安徽休宁西南山区六股尖的新安江是钱塘江的正源，而发源于安徽休宁青芝埭尖的兰江，只不过是钱塘江最大的一条支流而已。

钱塘江

钱塘江大潮

　　自古以来，钱塘江就以大潮而闻名于世。钱塘江的杭州湾形状像一只向海张口的大喇叭，外宽内窄，出海处宽达 100 千米，到了澉浦附近，收缩到20 千米左右，西进到海宁盐官附近，就只有 3 千米宽了。海水起潮，由大喇叭口大量涌入杭州湾，受到向湾内缩窄的地形约束，马上升高。加上钱塘江底在澉浦以上升高，江水较浅，大量潮水涌来时，浪头跑不快，前面的浪头还没有过去，后面的又追上来了。

　　钱塘潮是怎样形成的呢？这与钱塘江入海的杭州湾的形状以及它特殊的地形有关。杭州湾呈喇叭形，口大肚小。钱塘江河道自澉浦以西，急剧变窄抬高，致使河床的容量突然缩小，大量潮水拥挤入狭浅的河道，潮头受到阻碍，后面的潮水又急速推进，迫使潮头陡立，发生破碎，发出轰鸣，出现惊险而壮观的场面。但是，河流入海口是喇叭形的很多，但能形成涌潮的河口却只是少数，钱塘潮能荣幸地列入这少数之中，又是为什么？科学家经过研究认为，涌潮的产生还与河流里水流的速度跟潮波的速度比值有关，如果两者的速度相同或相近，势均力敌，就有利于涌潮的产生，如果两者的速度相差很远，虽有喇叭形河口，也不能形成涌潮。还有，河口能形成涌潮，与它处的位置潮差大小有关。由于杭州湾在东海的西岸，而东海的潮差，西岸比东岸大。太平洋的潮波由东北进入东海之后，在南下的过程中，受到地转偏向力的作用，向右偏移，使两岸潮差大于东岸。杭州湾处在太平洋潮波东来直冲的地方，又是东海西岸潮差最大的方位，得天独厚。所以，各种原因凑在一起，促成了钱塘江涌潮。它和其他潮一样是海水在月亮和太阳的共同吸引下所产生的。每隔24小时50分钟，海水就发生两次涨潮和两次落潮。潮汐不但能给人带来美感，也给人们带来巨大的能源。利用潮汐涨落所产生的潮差，可以发电。潮差愈大，发电能量愈大。钱塘江的涌潮，景象固然十分壮观，但更加重要的是，它还蕴藏着巨大的动力能源。据估算，钱塘江涌潮的发电量，可以抵得上三门峡水电站的1/2左右。

钱塘江不仅以大潮闻名，它还是杭州的生命之江。杭州位于钱塘江下游北岸，是我国的历史文化名城，已有2 000多年的历史。五代时的吴越国和南宋王朝先后在这里建都，它与北京、西安、南京、洛阳和开封并称为我国的六大古都。杭州是我国著名的旅游城市，市内西湖，景色秀丽，风光旖旎，被誉为"人间天堂"。

涌　潮

涌潮又称"怒潮，瀑涨潮"。是指由于外海的潮水进入窄而浅的河口后，潮波激荡堆积暴涨的现象。钱塘江大潮是发生在杭州湾（钱塘江的河口段）风的一种涌潮。由于杭州湾是一个外宽内窄的大喇叭口，出海口宽达100千米，澉浦附近缩小到20千米左右，到了盐官，落潮时江面只有3千米宽，每到涨潮，江中一下吞进大量海水，向里推进时，由于河道突然变窄，潮水涌积，酿成高潮。钱塘江与南美亚马孙河、南亚恒河并列为"世界三大强涌潮河流"。

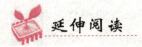

延伸阅读

新 安 江

　　新安江位于安徽徽州境内，又称徽港，位于钱塘流域的上游，是钱塘江的正源，西、北面以黄山山脉与长江水系相邻，东南以天目山脉和白际山脉与浙江、江西两省接壤。新安江经浙江淳安县，流至建德市；江水再往东流，经桐庐，流入富阳市境，称为富春江；江水再往东流，到了萧山区的闻家堰，始称钱塘江。新安江干流长约373千米，流域面积约1.1万多平方千米。新安江素以水色佳美著称。江水澄碧清澈，两岸群山蜿蜒，山势姿态万千，是国家级风景名胜区。

雅鲁藏布江

　　雅鲁藏布江是我国著名的大河之一，它大部分海拔在3 500米以上，是世界上海拔最高的大河，被人们称为"世界屋脊"上的大河。

雅鲁藏布江

　　雅鲁藏布江的藏语意思为"从最高顶峰上流下来的水"，它像一条银色的巨龙，从西藏自治区西南部桑木张以西、喜马拉雅山北麓杰马央宗冰川自西向东横贯西藏南部，在米林县附近折向东绕过喜马拉雅山脉最东端的南加巴瓦峰转而南流，经巴昔卡流出国境至印度后，改称布拉马普特拉河，随后又流入孟加拉国，改称贾木纳河，与恒河相汇合后注入印度洋的孟加拉湾。它的上游在萨噶以上，称为马泉河，有两个源头，正源就是杰马央宗曲，出自杰马央宗冰川；另外一个源头为库比曲，出自阿甲果冰川。至萨噶有左岸支流汇入，以下始称雅鲁藏布江。雅鲁藏布江自源头至拉孜为上游，河床都在海拔 3 950 米以上，为高寒河谷地带，河谷宽浅，水流缓慢，水草丰美。自拉孜至则拉为中游，河谷宽窄交替出现，在冲积平原地区，河谷开阔，地势平坦，气候温和，是西藏农业最发达的地区。自则拉到国界为下游，则拉至派区河谷较宽，派区以下河流进入高山峡谷段，至六龙附近，河道绕过 7 782 米的南迦巴瓦峰，骤然由东北转向南流，随后又转向西南，形成世界罕见的雅鲁藏布江马蹄形大拐弯峡谷。

雅鲁藏布江下游大拐弯峡谷，深达 5 382 米，平均深度也在 5 000 米以上，由派区到边境的巴昔卡，长为 494.3 千米，谷底呈"V"字形，水面宽一般80~200 米，最窄处仅 74 米，它比原来认为的世界第一大峡谷秘鲁科尔卡大峡

雅鲁藏布江大峡谷

谷还深 2 000 米。1994 年 4 月 18 日，《光明日报》、《文汇报》、《北京日报》等几大报纸同时报道："我国科学家首次确认，雅鲁藏布江大峡谷为世界第一大峡谷。"雅鲁藏布江大峡谷，不仅是最深的峡谷，而且还是地球上最长、最高的大峡谷。从此，在我国壮丽的山河中，又新添了一项世界之最。

雅鲁藏布江大峡谷围绕喜马拉雅山最高峰作马蹄形大拐弯，外侧有 7 234 米的加拉白垒峰夹峙，整个大拐弯峡谷完整连续地切割在青藏高原东南斜面地形单元上，自谷底向上，遍布褶皱和断裂，满山满坡覆盖着茂密的原始森林，不同高度的垂直自然带齐全，山地上部冰雪覆盖，冰川悬垂，景色十分奇特壮丽。在这里，有着独特的生态系统，发育繁衍着复杂而丰富的植被类型和动、植物区系，被誉为"植被类型的天然博物馆"、"山地生物资源的基因库"。

雅鲁藏布江不仅是世界上海拔最高的大河，在我国它还是水能巨大的河流。由于它的流域内水量充足，河床海拔高，落差大，蕴藏着极为丰富的水力资源，其干流和五大支流的天然水力蕴藏量为 9 000 多万千瓦，仅次于长江，居全国第二位。雅鲁藏布江大拐弯峡谷地区，山高谷深，是世界上水能最为集中的地点之一。从派区至墨脱希让的"U"字形大拐弯河道，河长 250 千米，落差达 2 200 米。经水电专家初步估算，如果在这里修建水电站，从派区开凿长约 40 千米的引水隧洞到墨脱，可建成装机容量为 4 000 万千瓦的水电站。这个水电站将成为我国乃至世界上最大的水电站。

雅鲁藏布江哺育着两岸肥沃的土地，西藏耕地的 95%（约 260 平方千米）都分布在雅鲁藏布江流域。特别是中游一带，众多的支流不仅提供了丰富的水源，而且形成了宽广的河谷平原，是西藏主要和最富庶的农业地区，特别是墨脱一带，橘树林枝青叶茂，香蕉园终年翠绿，水稻田阡陌相连，绿竹林漫山滴翠。茶园布满缓坡山岗，呈现出一派热带、亚热带的无限风光。西藏一些重要的城镇，都坐落在雅鲁藏布江干支流的中下游河谷平原上，如首府"日光城"拉萨，第二大城市日喀则，英雄城市江孜，"天然博物馆"墨脱，新兴工业城林芝、八一镇等。雅鲁藏布江哺育着两岸数百万藏族人民，而藏族人民以勤劳的双手和无穷的智慧，描绘着壮丽的大好河山。

知识点

冲积平原

冲积平原是由河流沉积作用形成的平原地貌。在河流的下游，由于水流没有上游般急速，而下游的地势一般都比较平坦。河流从上游侵蚀了大量泥沙，到了下游后因流速不再足以携带泥沙，结果这些泥沙便沉积在下游。尤其当河流发生水浸时，泥沙在河的两岸沉积，冲积平原便逐渐形成。

冲积平原的形成条件有三个：

1. 在地质构造上是相对下沉或相对稳定的地区，在相对下沉区形成巨厚冲积平原，在相对稳定区形成厚度不大的冲积平原。

2. 在地形上有相当宽的谷地或平地。

3. 有足够的泥沙来源。

基本上任何河流在下游都会有沉积现象，尤其是一些较长的河流沉积现象更为普遍。世界上最大的冲积平原是亚马孙平原，是由亚马孙上游的泥沙冲积而成。而我国的黄河三角洲和长江中下游平原以及宁夏平原也属于冲积平原。

延伸阅读

印度洋

印度洋是世界第三大洋，位于亚洲、大洋洲、非洲和南极洲之间。包括属海的面积约为 7 411.8 万平方千米，不包括属海的面积约为 7 342.7 万平方千米，约占世界海洋总面积的20%。印度洋的平均深度仅次于太平洋，位居第二，包括属海的平均深度为 3 839.9 米，不包括属海的平均深度为 3 872.4

米。其北为印度、巴基斯坦和伊朗，西为阿拉伯半岛和非洲，东为澳大利亚、印度尼西亚和马来半岛，南为南极洲。

印度洋的主要属海有红海、阿拉伯海、亚丁湾、波斯湾、阿曼湾、孟加拉湾、安达曼海、阿拉弗拉海、帝汶海等。印度洋还有很多岛屿，其中大部分是大陆岛，如马达加斯加岛、斯里兰卡岛、安达曼群岛、尼科巴群岛等。

印度洋大部分位于热带、亚热带范围内，南纬40°以北的广大海域，全年平均气温为15℃～28℃；赤道地带全年气温为28℃，有的海域可高达30℃。比同纬度的太平洋和大西洋海域的气温要高。

印度洋的自然资源相当丰富，矿产资源以石油和天然气为主，主要分布在波斯湾，此外，澳大利亚附近的大陆架、孟加拉湾、红海、阿拉伯海、非洲东部海域及马达加斯加岛附近，都发现有石油和天然气。

京杭大运河

京杭大运河又称京杭大运河或简称大运河，是中国、也是世界上里程最长、工程最大的运河。北起北京（涿郡），南到杭州（余杭），经北京、天津两市及河北、山东、江苏、浙江四省，沟通海河、黄河、淮河、长江、钱塘江五大水系，全长约1 794千米，开凿到现在已有700多年的历史。京杭大运河对中国南北地区之间的经济、文化发展与交流，特别是对沿线地区工农业经济的发展和城镇的兴起均起了巨大作用。京杭大运河也是最古老的运河之一。它和万里长城并称为我国古代的两项伟大工程，闻名于全世界。

京杭大运河的开凿与演变大致分为三期。

第一期运河：运河的萌芽时期。春秋吴王夫差十年（公元前486年）在扬州开凿邗沟，以通江淮。至战国时代又先后开凿了大沟（从今河南省原阳县北引黄河南下，注入今郑州市以东的圃田泽）和鸿沟，从而把江、淮、河、济四水沟通起来。

第二期运河：主要指隋代的运河系统。以东部洛阳为中心，于大业元年

（公元 605 年）开凿通济渠，直接沟通黄河与淮河的交通。并改造邗沟和江南运河。大业三年又开凿永济渠，北通涿郡。连同公元 584 年开凿的广通渠，形成多支形运河系统。

到隋炀帝时，据说隋炀帝为了到扬州看扬州市市花——琼花，也为了南粮北运，开凿京淮段至长江以南的运河，全长 2 000 多千米。到元朝时，元定都大都（今北京），必须开凿运河把粮食从南方运到北方。为此先后开凿了三段河道，把原来以洛阳为中心的隋代横向运河，修筑成以大都为中心，南下直达杭州的纵向大运河。京杭大运河按地理位置分为七段：北京到通州区称通惠河，

京杭大运河

长 82 千米；通州区到天津称北运河，长 186 千米；天津到临清称南运河，长 400 千米；临清到台儿庄称鲁运河，长约 500 千米；台儿庄到淮阴称中运河，长 186 千米；淮阴到瓜洲称里运河，长约 180 千米；镇江到杭州称江南运河，长约 330 千米。扬州是里运河的名邑，隋炀帝时在城内开凿运河，从此扬州便成为南北交通枢纽，借漕运之利，富甲江南，为中国最繁荣的地区之一。

第三期运河：主要指元、明、清阶段。元代开凿的重点段一是山东境内汶水至卫河段，一是大都至通州段。至元十八年（1281 年）开济州河，从任城（济宁市）至须城（东平县）安山，长 75 千米；至元二十六年（1289 年）开会通河，从安山西南开渠，由寿张西北至临清，长 125 千米；至元二十九年（1292 年）开通惠河，引京西昌平诸水入大都城，东出至通州入白

河，长25千米；至元三十年（1293年）元代大运河全线通航，漕船可由杭州直达大都，成为今京杭大运河的前身。

明、清两代维持元运河的基础，明时重新疏浚元末已淤废的山东境内河段，从明中叶到清前期，在山东微山湖的夏镇（今微山县）至清江浦（今淮阴）间，进行了黄运分离的开泇口运河、通济新河、中河等运河工程，并在江淮之间开挖月河，进行了湖漕分离的工程。

京杭大运河作为南北的交通大动脉，在历史上曾起过巨大的作用。运河的通航，促进了沿岸城市的迅速发展。

京杭大运河是我国古代劳动人民创造的一项伟大工程，是祖先留给我们的珍贵物质和精神财富，是活着的、流动的重要人类遗产。大运河肇始于春秋时期，形成于隋代，发展于唐宋，距今已有2500年的历史，而秦始皇（嬴政）在嘉兴境内开凿的一条重要河道，也奠定了以后的江南运河走向。据《越绝书》记载，秦始皇从嘉兴"治陵水道，到钱塘越地，通浙江"。大约2500年前，吴王夫差挖邗沟，开通了连接长江和淮河的运河，并修筑了邗城，运河及运河文化由此衍生。

京杭大运河是我国仅次于长江的第二条"黄金水道"，价值堪比长城，是世界上开凿最早、最长的一条人工河道，是苏伊士运河的16倍，巴拿马运河的33倍。

京杭大运河一向为历代漕运要道，对南北经济和文化交流曾起到重大作用。19世纪海运兴起，以后随着津浦铁路通车，京杭大运河的作用逐渐减小。黄河迁徙后，山东境内河段水源不足，河道淤浅，南北断航，淤成平地。水量较大、通航条件较好的江苏省境内一段，也只能通行小木帆船。京杭大运河的荒废、萧条，是中国半殖民地半封建制度的写照。解放后，部分河段已进行拓宽加深，裁弯取直，新建了许多现代化码头和船闸，航运条件有所改善。季节性的通航里程已达1 100多千米。江苏邳县以南的660多千米航道，500吨的船队可以畅通无阻。古老的京杭大运河已经成为南水北调的输水通道。

京杭大运河显示了我国古代水利航运工程技术领先于世界的卓越成就，

留下了丰富的历史文化遗存，孕育了一座座璀璨明珠般的名城古镇，积淀了深厚悠久的文化底蕴，凝聚了我国政治、经济、文化、社会诸多领域的庞大信息。大运河与长城同是中华民族文化身份的象征。保护好京杭大运河，对于传承人类文明，促进社会和谐发展，具有极其重大的意义。

漕　运

　　漕运是我国历史上一项重要的经济制度。就是我国古代历代封建王朝将征自田赋的部分粮食经水路解往京师或其他指定地点的运输方式。水路不通处辅以陆运，多用车载或用人畜驮运，故又合称"转漕"或"漕辇"。这种粮食称漕粮，故称这种运输方式为漕运，狭义的漕运仅指通过运河并沟通天然河道转运漕粮的河运而言。

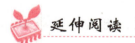

京杭大运河博物馆

　　京杭大运河博物馆是一座以运河文化为主题的大型专题博物馆，坐落于杭州市城北运河文化广场，毗邻大运河南端终点标志——拱宸桥。博物馆建筑面积为10 700平方米，展览面积5 000余平方米。建筑呈扇形环绕运河文化广场，造型独特。运河博物馆旨在全方位、多角度地收藏、保护、研究运河文化资料，反映和展现大运河自然风貌与历史文化。博物馆于2002年开始筹建，2006年9月建成开放。

信浓川

　　信浓川发源于关东山地的甲武信岳（座落埼玉县、山梨县、长野县三县境界）南侧，注入日本海，干流全长 367 千米，是日本最长的河流。信浓川流域面积约 12 340 平方千米，居日本河流第三。从源头到长野县与新潟县边界的一段为其上游，又称千曲川，长 214 千米，流域面积 7 163 平方千米；从新潟县与长野县边界起至大河津分洪道止为其中游段，流域面积 3 320 平方千米；大河津洗堰以下到河口为下游段，流域面积 1 420 平方千米。中下游段称为信浓川，共长 153 千米。

信浓川

　　千曲川是信浓川的上游，也是整个信依川水系的主流，信浓川的上游表现为最典型的内陆气候，其南部呈明显的东海地方气候特征，而其北部则受北陆地方的影响，气候条件复杂。以年均气温为例，长野为 11.3℃，松本为 11.0℃，轻井泽为 7.7℃，新潟市为 13.0℃。由于地形复杂，因而信浓川流域的年降水量也迥然不同。例如，千曲川下游为 1 400 ~ 1 800 毫米，上游为 1 000 ~ 1 400 毫米，中游约为 1 000 毫米。信浓川中下游的降水量显示出日本海的气候特征，每年 11 月到次年 2 月的降水量占年降水量的 40% ~ 50%，多为降雪所致。其次是 6 ~ 7 月的梅雨季节，往往会有大的降水。年降水量的时空分布大体为：沿海岸的平地部最少 1 900 毫米，山地附近的平地部 2 600 毫米左右，信浓川下游的山区为 3 000 毫米左右，其中游段的山地部为 2 000 ~ 2 500

毫米，鱼野川沿岸最大，为 2 500~3 000 毫米。

信浓川属于洪水多发型河流，上游段的洪水成因主要是所谓的"风水害"，风害系指台风期的洪水灾害，水害则是指融雪期和梅雨期集中暴雨产生的洪水灾害。信浓川中下游河段的主要洪水一般产生于 3~4 月的融雪期和 7~10 月的大雨期。大雨期的洪水主要发生在梅雨前期、秋雨前期以及台风和雷雨等集中降雨的时节。据观测资料，信浓川历史上最大洪水出现在 1959 年 8 月 14 日，最大洪水流量 7 260 立方米/秒。

信浓川上游段和中下游段的洪水有所不同。上游段的洪水俗称"铁炮水"，是在遭遇大的降雨时，由众多的山溪小涧的洪水汇集而成。这些小支流大多流程短，坡降大，故洪峰的形成速度很快，洪量很大，易于泛滥成灾。而在信浓川中下游段，融雪期时若气温为 10℃、风速为 5 米/秒，融雪量相当于 45 毫米/天的降雨量。融雪径流虽然速度慢，时间长，但由于是连续不断地产生，因而会使河流水位上涨，此时若遇与之相当程度的降雨，就会形成洪水。据统计，从 741—1930 年，信浓川共发生较大洪水约 130 次，平均不到 10 年一次。1931—1960 年的 30 年间，有记载的洪灾更是多达 23 次，几乎年年有洪灾。历史上损失最严重的洪灾有两次。第一次是 1 847 年大洪水。当年 4 月 14 日，日本发生了善光寺大地震，更科郡岩仓山崩塌，封堵了犀川，20 余日后，堵口处破堤，洪水直扑而下，冲毁房屋 34 000 余间，淹没农田无数，死者 12 000 余人。此次洪水在日本俗称"信州水"或"地震水"。第二次是 1926 年大洪灾。当年 7 月 27 至 30 日连续降大雨，估计总降水量将近 800 毫米。大雨致使山岳塌滑，溪谷阻断，浊浪冲毁森林，冲垮桥梁和房屋，以极快的速度淹没了枥尾盆地。据调查，此次洪水冲毁堤防 231 处，淹没耕地 31 779 町步（约合 31 524.8 平方千米），损坏房屋 1 000 余幢，桥梁 505 座，死伤 200 余人。此外，1958 年 7 月的台风暴雨洪水，受淹户数达 11 848 户，淹没水田 12 069 畈（119 724.5 平方千米），旱地 519 畈（5 148.5 平方千米）。

梅 雨

　　梅雨指我国长江中下游地区、台湾、日本中南部、韩国南部等地，每年6月中下旬至7月上半月之间持续天阴有雨的自然气候现象。由于梅雨发生的时段，正是江南梅子的成熟期，故称这种气候现象为"梅雨"，这段时间也被称为"梅雨季节"。梅雨季节里，空气湿度大、气温高，衣物等容易发霉，所以也有人把梅雨称为同音的"霉雨"。梅雨季节过后，华中、华南、台湾等地的天气开始由太平洋副热带高压主导，正式进入炎热的夏季。

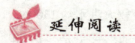

日本海

　　日本海是西北太平洋最大的边缘海，其东部的边界为库页岛，日本列岛的北海道、本州和九州；西边的边界是欧亚大陆的俄罗斯；南部的边界是朝鲜半岛。日本海的水域有6个海峡与外水域相通，这6个海峡分别为：间宫海峡（鞑靼海峡）、宗谷海峡、津轻海峡、关门海峡、对马海峡，还有朝鲜海峡。

　　日本海面积约为100万平方千米。整个海域略呈椭圆形，南北长为2 300千米，东西宽为1 300千米，平均水深1 350米，容积为171.3万立方千米。

　　日本海属温带海洋性季风气候，每年12月至次年3月盛行东北季风，有干冷空气流入日本海，形成降温和降雪天气。最冷月为1月，平均气温北部为－19℃，南部为5℃，表层水温为－2℃～13℃。结冰期通常自11月中旬到次年2月中旬。6月以后盛行偏南季风，暖湿气流使气温升高，形成充沛降水和雾。8月平均气温北部为16℃，南部达24℃。

湄南河

湄南河是华语的俗称，是泰国的第一大河，自北而南纵贯泰国全境。湄南河的泰文全名是"湄南昭拍耶"。其中"湄南"是河的意思，"昭披耶"为河的真名，意即"河流之母"。虽然"湄南河"不如译作"昭披耶河"为确切，但它长期沿用下来，就成为公认的河名了。湄南河发源于泰北山地，它的源头最远可追溯至青藏高原的冰川。

夕阳下的湄南河

泰国东北部是群山耸立的山区，自西而东依次分布着北南走向的登劳山——念他翁山、坤丹山和銮山等。在这些山脉之间，发育有滨河、汪河、永河和难河，它们构成了湄南河的上游。

滨河发源于登劳山，流经清迈、南奔、达、甘烹碧、那空沙旺等府，在北榄坡与难河汇合，全长约 550 千米，为湄南河上游四河中最长者，但沿河

水浅、滩多、流急，缺少航运之利。

汪河发源于南邦府北部，坤丹山构成它与滨河的分水岭。汪河在挽达附近汇入滨河，在长约 100 千米的河程中，河床比降大，礁石多，水流急，对航运不利。

永河发源于难府与清莱府交界地区，长约 500 千米。它在网拉甘以下分成两支，其中东支在挽甲桶附近汇入难河。永河以北段河床礁石较少，但也因水浅而不利于航运。

难河发源于难府北部的銮山中，全长约 500 千米。它在与永河东支合流之后继续南下，最后在春盛又与永河西支流相汇。难河水量较大，全年可以通航，不过也有些河段多礁石，特别是在难府境内的敬銮河段常发生沉船事故，构成航运业发展的障碍。

滨、汪、永、难四河穿行于群山之中，许多山谷因河流的长期冲积作用发育成肥沃的平原，其中著名的有清迈、南邦、难府等。这种山间盆地，由于地形平缓，气候适宜和灌溉便利，历来是北部山区经济发展的重心，人口稠密，物产丰富。泰国第二大都会——清迈就坐落于清迈盆地内，向来是泰北最大的稻谷集散地。

滨、汪、永、难四河所流经地区，大多森林茂密，林产很多，其中以柚木尤为著名。柚木砍伐以后，均在各河中流放而集中于北榄坡后才南运各地或出口。因此，北榄坡是湄南河最大的柚木集散中心。

北榄坡以南的地形为湄南河平原地带。"北榄"在泰语里是"河口"的意思。有人认为，北榄坡过去曾经是湄南河的河口，其南属于暹罗湾的一部分。肥沃的湄南河下游平原是湄南河挟带的泥沙长期堆积而逐渐形成的。即使在今天，湄南河仍在使它的三角洲平原继续向暹罗湾推进，速度是每年约伸展 1 米。整个下游平原地势低平，向暹罗湾倾斜。例如：北榄坡离海 280 千米，海拔 20～25 米；猜纳离海 230 千米，海拔降至 18 米；大城离海 100 千米，海拔仅为 4 米；曼谷市内的路面仅比海平面高出 1.8 米。

湄南河下游平原面积广阔，约达 5 万平方千米。这里河汊交错，气候炎热，雨量充沛，河流定期泛滥，土地肥沃。特别是经过泰国人民的辛勤劳动，

湄南河下游平原繁华的景象

已发展成为泰国人口最集中、经济最发达的地区。

　　泰国一年分成干、雨两季的气候对湄南河水量的变化影响很大。每年干季（10月至次年2月）时湄南河下游流量仅150立方米/秒。雨季期间却可超过2 000立方米/秒。每年的雨季期间，湄南河泛滥，两岸农田覆盖上一层层富含腐殖质的河泥，成为促进水稻生长发育的很好的天然肥料。因此，湄南河的定期泛滥对泰国的水稻种植业具有很重要的意义，泛滥期提早或推迟到来以及泛滥期的或长或短都会直接影响到稻谷生产。

知识点

半　岛

　　半岛是指陆地一半伸入海洋或湖泊，一半同大陆相连的地貌部分，它一般是三面被水包围。大的半岛主要受地质构造断陷作用而成，如我国的辽东半岛、山东半岛、雷州半岛等。从分布特点看，世界主要的半岛都在大陆的边缘地带。世界上最大的半岛是亚洲西南部的阿拉伯半岛，面积达 300 多万平方千米。半岛上大部分地区属热带沙漠，气候炎热干燥，7 月份平均气温在 30℃ 以上，内陆的绝对最高气温达 55℃；年降水量大部分年份不足 200 毫米，有的地方甚至几年不下雨。亚洲地区面积超过 100 万平方千米的半岛还有南亚的印度半岛和东南亚的中南半岛，它们分别是世界第二大半岛和第三大半岛。此外，还有朝鲜半岛、堪察加半岛、楚科奇半岛等。世界第四大半岛是位于北美洲东部的拉布拉多半岛，面积为 140 万平方千米。欧洲海岸曲折，有众多的半岛，素有"半岛的大陆"之称。面积超过 10 万平方千米的半岛有五个：北欧的斯堪的纳维亚半岛，面积 75 万平方千米；西南欧的伊比利亚半岛，面积 58.4 万平方千米；东南欧的巴尔干半岛，面积 50 万平方千；南欧的亚平宁半岛，面积 14 万平方千米；南北欧的科拉半岛，面积 10 万平方千米。

延伸阅读

曼　谷

曼谷坐落在湄南河下游东岸，是泰国最大的城市，也是泰国的首都。曼谷的泰文的意思是"天使之城"。它的泰文全称很长，如果音译成拉丁文字，一共为 142 个字母，是世界各国首都中名字最长的。不过，这个全称现在已经很少有人使用了。1782 年，曼谷王朝拉玛一世把首都从吞武里迁到曼谷。当时这里是大片泽洼地，后来逐步建成河渠纵横、舟楫穿梭、街道交错的水上都城，有"东方威尼斯"之称。如今曼谷市容又发生很大的变化，许多河渠被填平，一幢幢高楼平地而起，市内的水上交通也逐渐被汽车所代替。虽然如此，曼谷还是保存着多水的特色。从北向南流的湄南河把曼谷分为东西两半，东面是曼谷，又称京府，西面是吞武里。全城还有十几条河流蜿蜒其间。

伊洛瓦底江

伊洛瓦底江是缅甸的第一大河，发源于我国青藏高原的察隅地区，在缅甸境内的两条上源为恩梅开江和迈立开江，两江汇合以后始称伊洛瓦底江。

伊洛瓦底江自北向南，蜿蜒奔流，穿过崇山峻岭、平原峡谷，流经河网如织的三角洲，注入安达曼海。全长 2 150 千米，流域面积 41 万多平方千米，占缅甸全国面积的 60% 以上。缅甸人民对伊洛瓦底江十分崇敬，古来即称它为"天惠之河"。传说这里是雨神伊洛瓦底居住的地方，大

伊洛瓦底江

江是雨神钟爱的白象喷水而成，江因此而得名。自古以来，缅甸各族人民在它身旁辛勤耕耘，创造了光辉的历史和文化。

从恩梅开江和迈立开江汇合处至曼德勒为伊洛瓦底江上游段，沿岸多山，先后穿过三段峡谷，在每段峡谷间是地势开阔的平原。上游河段滩多流急，不利航行，但水力资源丰富。

曼德勒至第悦茂为伊江中游，它穿流于缅甸中部干燥地带，抵达三角洲顶端时，约有 45% 的水量被蒸发掉。伊洛瓦底江是世界上水土流失最严重的河流之一，而中游又是全流域水土流失最严重的地区，中游谷地是棉花和粮

食的重要产地，还蕴藏着丰富的石油。

第悦茂以下为伊江下游。自莫纽起分成9条较大河流，向南作扇形展开，形成河道交织如网的三角洲，三角洲地区除一些高地外大部分为现代冲积平原。地势低下平坦，一般与海潮线相等，部分则在海潮线之下。三角洲向外伸延的速度是惊人的。据测量，平均每年向海洋扩展66米左右。

伊洛瓦底江三角洲地区，是缅甸的鱼米之乡，也是缅甸全国最发达和最富裕的地区，总面积约2万平方千米，这里土壤肥沃，灌溉便利，以种植水稻为主，稻米产量约占全缅甸稻米总产量的2/3，享有"缅甸谷仓"之盛誉。

缅甸经济的发展与伊洛瓦底江有着极其密切的关系。伊江中游河谷两岸是缅甸历史最悠久的地区，早在1000年前的缅甸中古时期，人们就在这里筑坝修渠，引水灌溉，种植水稻。缅甸独立后，为了扩大水稻种植面积，增加

伊洛瓦底江三角洲

稻谷产量和出口额，政府极为重视水利工程建设，兴建了许多水利工程，为发展干旱地区的灌溉事业起到了很大的作用。

缅甸内河航运业在国内交通运输业中担负着65%的任务，而伊洛瓦底江则是缅甸国内主要运输命脉，成为沟通南北的主要交通线，整个伊江水系有4 600多千米的河道全年可以通航。缅甸北部各地出产的各种珍贵的玉石、琥珀、宝石，缅甸中部的农产品以及产于伊洛瓦底江中下游谷地的石油，大都是通过伊洛瓦底江及其支流输送到缅甸各地。

缅甸是世界柚木的主要输出国，素有"柚木王国"的美称，蕴藏了世界柚木资源的75%。砍伐后的柚木先用大象运送到附近的河边，雨季时结筏流放直至仰光，而后运往世界各地。

伊洛瓦底江两岸名城林立。位于中游的历史名城曼德勒，梵语为"叶德那崩尼卑都"，意为"多宝之城"，它是古代缅甸政治、经济和文化中心。

从曼德勒沿江南下129千米，即达古都蒲甘，这座举世闻名的"万塔之城"是"东方文化宝库"之一。盛极之时，这方圆几千米的城市，到处佛塔耸立。蒲甘佛塔是缅甸建筑艺术的精华，风格独特，充分显示了缅甸人民的才智。

伊洛瓦底江下游的勃生，是缅甸的第二大港，这里万吨轮船畅行无阻。缅甸的大米、木材、鱼虾、海货，很多都是由该港远销国际市场。缅甸人民引以为豪的是，在近代史上，勃生是一座反抗殖民主义的英雄城市。1824年，当英国殖民主义者入侵时，伟大的民族英雄班都拉将军曾在这里领导人民奋起还击，使敌人闻风丧胆。

伊江下游，有运河与仰光河相接。缅甸的政治、经济、文化中心——首都仰光犹如一块晶莹的宝石闪烁在伊江三角洲上。1948年1月4日，第一面民族独立的旗帜在仰光上空升起，缅甸从此摆脱了殖民主义的枷锁，赢得了独立。今天的仰光，正以它那崭新的面貌，出现在人们面前。

平 原

平原是海拔较低的平坦的广大地区，海拔多在 0 ~ 500 米，一般都在沿海地区。海拔 0 ~ 200 米的叫低原，200 ~ 500 米的叫高平原。按成因，可以将平原分为堆积平原、侵蚀平原、侵蚀—堆积平原、构造平原。按外力作用可分冰川及冰水作用形成的平原、冲积平原、湖成平原、海成平原。按表面形态分倾斜平原、凹状平原、波状平等等。我国有三大平原，分布在我国东部。东北平原是我国最大的平原，海拔 200 米左右，广泛分布着肥沃的黑土。华北平原是我国东部大平原的重要组成部分，大部分海拔 50 米以下，交通便利，经济发达。长江中下游平原大部分海拔 50 米以下，地势低平，河网纵横，有"水乡泽国"之称。

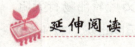

延伸阅读

安达曼海

安达曼海是印度洋东北部的一部分，在亚洲的中南半岛、安达曼群岛、尼科巴群岛和苏门答腊岛之间，面积约为 8 万平方千米，通过仰光、勃生、土瓦等港口形成连结缅甸和其他国家的最重要的海上通道，也是印度和我国之间经马六甲海峡的水上航线的一部分。主要港口有缅甸的仰光、毛淡棉，印度尼西亚的沙璜，印度的布莱尔港等。

安达曼海的气候和海水受东南亚季风变化的影响和控制，冬季该海域湿度低，海面上很少有降雨或出现径流，因此海水表层含盐度较高。但夏季季风到来时，巨大的径流从缅甸涌入安达曼海，在北部的三分之一海域造成显著的表层海水含盐度低现象。

　　安达曼海域东西两侧岛屿众多。东侧为缅甸丹老群岛，面积约 3 500 平方千米，是中南半岛沿海最大的群岛，包括大小岛屿近 900 个。各岛海岸曲折，地势高峻崎岖，以自然景色秀美著称。西侧为印度安达曼—尼科巴群岛，面积约 8 200 平方千米。共有 200 多个岛屿，以北、中、南小安达曼岛为主，最大的岛屿为中安达曼岛。

湖　泊　篇

　　湖泊犹如镶嵌在地球上的珍珠，在地球表面星罗棋布地分布着，统计表明，地球上的湖泊总面积约 270 万平方千米，约占地球大陆面积的 1.8%。尽管湖泊遍布全世界，但北美洲、非洲和亚洲大陆的湖泊水量就占世界湖水总量的 70%，而其余的大陆湖泊较少。我国湖泊众多，面积在 1 平方千米以上的就有 2 800 多个，总面积约 8 万平方千米，此外，还有数以万计的人工湖泊（水库）。

　　湖泊属于暂时性水体，在全球水文循环过程中，淡水湖作用极小，其水量仅占全球总水量的 0.009%，还不足陆地上淡水总量的 0.007 5%。但是，有一点却非常重要，那就是淡水湖 98% 以上的水量是可供利用的，湖泊是大自然赐给人类的宝贵财富。

里 海

　　里海是世界第一大湖泊，位于亚欧大陆腹部，亚洲与欧洲交界。是世界上面积最大的封闭内陆水体，同时也是世界上最大的内陆汤。海的东北为哈萨克斯坦，东南为土库曼，西南为阿塞拜疆，西北为俄罗斯，南岸在伊朗境内，是世界上最大的湖泊，属海迹湖。

　　里海海域狭长，南北长约 1 200 千米，东西平均宽度 320 千米，面积约 38.6 万平方千米，相当于全世界湖泊总面积（270 万平方千米）的 14%，比著名的北美五大湖的面积总和（24.5 万平方千米）还大出 51%。湖水总容积为 76 000 立方千米。里海湖岸线长 7 000 千米。有 130 多条河注入里海，其中

里　海

伏尔加河、乌拉尔河和捷列克河从北面注入，三条河的水量占全部注入水量的 88%。里海中的岛屿多达 50 个，但大部分都很小。海盆大体上为北、中、南三个部分。最浅的为北部平坦的沉积平原，平均深度 4~6 米。中部是不规则的海盆，西坡陡峻，东坡平缓，水深约 170~788 米。南部凹陷，最深处达 1 024 米，整个里海平均水深 184 米，湖水蓄积量达 7.6 万立方千米。海面年蒸发量达 1 000 毫米。数百年间，里海的面积和深度曾多次发生变化。

　　里海海底蕴藏丰富的石油，并有大量的鲟鱼，同时里海为沿岸各国提供了优越的水运条件，沿岸有许多港口，有些港口与铁路相连，火车可以直接开到船上轮渡到对岸。里海在这一地区交通运输网中以及在石油和天然气的

生产中也具有重大意义，其优良的海滨沙滩被用作疗养和娱乐场所。

海迹湖

　　海迹湖原为海域的一部分，因泥沙淤积而与海洋分开，形成封闭或接近封闭状态的湖泊。其中最常见的是潟湖，有的潟湖保留有高潮时与海相连的狭长通道，有的则完全不通。世界上最大的潟湖是里海。位于中亚的咸海也属于海迹湖。还有一些形成年代较久的古潟湖，因长期与海隔离，陆上淡水注入，已逐渐淡化而成淡水湖，称残迹湖，如我国浙江杭州的西湖。

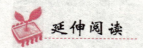

亚欧大陆

　　亚欧大陆是欧洲大陆和亚洲大陆的合称，之所以把它们合称，是因为欧洲大陆和亚洲大陆是连在一起的。从板块构造学说来看，亚欧大陆由亚欧板块、印度板块、阿拉伯板块和东西伯利亚所在的北美板块所组成。亚欧大陆面积将近5 000万平方千米，分别占到了亚洲面积的85%和95%。在亚洲，游离在大陆外侧的主要是东部的弧状岛屿：千岛群岛、库页岛、日本群岛、台湾、菲律宾、马来群岛、印度尼西亚等。在欧洲，游离在大陆外侧的是大西洋上的岛屿：冰岛、西西里岛、马霍卡岛、科西嘉岛、萨丁尼亚岛、克里特岛、塞浦路斯岛和罗得岛。在印度洋上，游离在大陆外侧的岛屿有：斯里兰卡、马尔代夫群岛。在北冰洋，游离在大陆外侧的有挪威的斯瓦尔巴特群岛和俄罗斯的新地岛、北地群岛、弗兰格尔岛、新西伯利亚群岛等。

死 海

死海位于西亚以色列、巴勒斯坦和约旦之间的约旦—死海地沟最底部。约旦—死海地沟约长 560 千米，是东非大裂谷的北部延伸部分，这是一块下沉的地壳，夹在两个平行的地质断层崖之间。

死海南北长 75 千米，东西宽 5 至 16 千米，海水平均深度 146 米，最深的地方大约有 400 米。死海的源头主要是约旦河，河水含有很多的矿物质。河水流入死海，不断蒸发，矿物质沉淀下来，经年累月，越积越多，便形成了今天世界上最咸的咸水湖——死海。

死海是一个内陆盐湖，水的含盐量较高，且越到湖底越高，是普通海洋含盐量的 10 倍。由于盐水浓度高，游泳者极易浮起，湖中除细菌外没有其他任何生物，涨潮时从约旦河或其他小河中游来的鱼立即死亡，岸边的植物也主要是适应盐碱地的植物。死海是很大的盐储藏地，湖岸荒芜，固定居民点

死 海

很少，偶见小片耕地和疗养地。

死海湖水呈深蓝色，非常平静。但水中含有很多矿物质，水分不断蒸发，矿物质沉淀下来，成为今天最咸的咸水湖。人类对大自然奇迹的认识经历了漫长的岁月，最后依靠科学才揭开了大自然的秘密。死海的形成，是由于流入死海的河水不断蒸发、矿物质大量下沉的自然条件造成的。那么，为什么会造成这种情况呢？原因主要有两条。其一，死海一带气温很

高，夏季平均可达34℃，最高达51℃，冬季也有14℃~17℃。气温越高，蒸发量就越大。其二，这里干燥少雨，年均降雨量只有50毫米，而蒸发量是140毫米左右。晴天多，日照强，雨水少，补充的水量微乎其微，死海变得越来越"稠"——入不敷出，沉淀在湖底的矿物质越来越多，咸度越来越大。死海是内流湖，因为水的唯一外流就是蒸发作用，而约旦河是唯一注入死海的河流，但近年来因约旦和以色列向约旦河取水灌溉及生活用途，死海水位受到严重的威胁。

死海水面平均低于海平面约400米，是地球表面的最低点。因湖中和湖岸富含盐分，在这样的水中，鱼儿和其他水生物都难以生存，水中只有细菌和绿藻没有其他生物，岸边及周围地区也没有花草生长，故称之为"死海"。

知识点

断层崖

断层崖是指由断裂活动造成的陡崖。断层崖不一定就是断层面，常常是断层面被剥蚀后退而形成的陡坡。较新的断层往往在地形上表现为断层崖。较老的断层也可以造成地形倒置的现象，形成断层崖线。通常断层崖的走向线平直，在断层崖被侵蚀的过程中随着横贯断层河谷的扩展，完整的断层崖被分割成不连续的断层三角面，而三角面的前面常形成一系列的冲积、洪积扇。

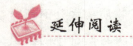
延伸阅读

死海的形成传说

有这样一个关于死海形成的古老传说：远古时候，死海之地原来是一片大陆，在这块大陆上有一个村庄，村庄里的男人们有着种种恶习，村中有个叫鲁特的先知劝他们改邪归正，但村庄里的男人们拒绝悔改。上帝决定惩罚他们，他暗中谕告鲁特，叫他携带家眷在某年某月某日离开村庄，并且告诫他离开村庄以后，不管身后发生多么重大的事故，都不准回过头去看。鲁特按照规定的时间离开了村庄，走了没多远，他的妻子因为好奇，偷偷地回过头去望了一眼。瞬间，好端端的村庄塌陷了，出现在她眼前的是一片汪洋大海，这就是死海。她因为违背上帝的告诫，立即变成了石人。虽然经过多少世纪的风雨，她仍然立在死海附近的山坡上，扭着头日日夜夜望着死海。上帝惩罚那些执迷不悟的人们：让他们既没有水喝，也没有水种庄稼。

贝加尔湖

素有"西伯利亚明珠"之称的贝加尔湖位于俄罗斯西伯利亚南部，伊尔库茨克州及布里亚特共和国境内，距蒙古边界反111千米，是东亚地区很多民族的发源地。总水量比北美五大湖的总和还要多。1 637米的深度也使其荣登世界上深湖的宝座。虽然水量是世界最大湖里海（咸水湖）的1/3还不到，但却是世界上最大的淡水储备库，淡水量约占到全球的10%。湖泊沿着远古地壳的裂纹分布，总体呈现月牙状，面积约为31 500平方千米，比苏必利尔湖和维多利亚湖都要小。2.5亿年的寿命也使其成为世界最古老的湖泊。贝加尔湖于1996年被联合国教科文组织评选为世界文化遗产。

贝加尔湖为大陆裂谷湖，被誉为"珍奇海洋博物馆"，独有的动植物种类繁多，在2 600多个物种中，有3/4的物种，以及11个科和亚科及96个属的物种是该湖独有的。如贝加尔海豹、鲨鱼、海螺等，湖底还生长着海绵丛林，有一种龙虾就躲在丛林中。贝加尔海豹个头小，雌性雄性都是大约120厘米长，体色为暗银灰色。贝加尔海豹与其北极的亲属一样，雌性也在冬天

贝加尔湖

产仔，喂乳于冰上雪穴之中。海豹在贝加尔的出现，可以说是一件最令人不解的事情，查阅地史资料，贝加尔湖所在的中西伯利亚高原，5亿多年内不曾被海水淹没过。经分析，贝加尔湖纯属淡水，美国科学家马克彻林顿归纳了学者们的见解，提出了"外来"说，即贝加尔湖的海洋动物是从海而入，并称贝加尔湖为"西伯利亚的神海"。生物学家推测，贝加尔湖海豹的祖先来自遥远的北冰洋，它们进入叶尼塞河，逆流游泳2 400千米，学会了吃完全不同的食物，生存于一个异常的环境里。

另外在科考期间，中国科学家曾意外捕获一条通体呈半透明的小鱼——胎生贝湖鱼。

在全世界已知的鱼类中，胎生鱼所占的比例非常小。

胎生贝湖鱼生活在水面以下50～1 500米，广泛分布在贝加尔湖除湖岸附近的各个水域，是环斑海豹、秋白鲑等动物的主要食物。科学家认为，这类鱼是在贝加尔湖冰冷的湖水中经过长期进化而来的，但是，它们从卵生鱼变为胎生鱼的具体原因和时间仍然是个未解之谜。

贝加尔湖还有一种美丽的孔雀蛱蝶。它翅展53～63毫米，体背黑褐，有棕褐色短绒毛。触角棒状明显，端部灰黄色。翅呈鲜艳的朱红色，翅反面是暗褐色，并密布黑褐色波状横纹。翅上有孔雀羽般的彩色眼点，似乎在警戒他人不要靠近。蛱蝶与其他种类的蝴蝶有一个很大的区别，即蛱蝶的前足退化无爪，不再使用，因而人们常常误解蛱蝶只有两对足，而实际上它的前足隐藏在胸前，需要小心地拨开胸部的绒毛才能看清。

 **知识点**

咸 水 湖

　　咸水湖是指湖水含盐量较高的湖泊（一般含盐量在1%～35%才称为咸水湖）。通常是湖水不排出或排出不畅，或蒸发造成湖水盐分富集形成，故咸水湖多形成于干燥的内流区。我国境内的咸水湖有青海湖、罗布泊、纳木错等。

　　咸水湖的水因含盐量高而不可饮用，但是它丰富多样的盐类，如食盐、镁盐、苏打、硫酸钠、钾盐、石膏、硼砂等，都是很重要的化工原料。

 **延伸阅读**

贝加尔湖的传说

　　贝加尔湖在湖水向北流入安加拉河的出口处有一块巨大的圆石，人称"圣石"。当涨水时，圆石宛若滚动之状。相传很久以前，湖边居住着一位名叫贝加尔的勇士，他有一个美貌的独生女安加拉。贝加尔对女儿十分疼爱，又管束极严。有一日，飞来的海鸥告诉安加拉，有位名叫叶尼塞的青年非常勤劳勇敢，安加拉的爱慕之心油然而生，但贝加尔不允许女儿与叶尼塞来往，安加拉只好趁父亲熟睡时悄悄出走。贝加尔猛醒后，追之不及，便投下巨石，以为能挡住女儿的去路，可女儿已经远远离去，投入了叶尼塞的怀抱。这块巨石从此就屹立在湖的中间。

青海湖

　　青海湖位于中国青海省内青藏高原的东北部，湖呈椭圆形，东西稍长，周长300多千米，面积4 583平方千米，湖面海拔319米，平均深度21米，最大水深32.8米，是中国最大的湖泊，也是我国最大的内陆咸水湖。

青海湖

　　青海湖古称"西海"，又称"鲜水"或"鲜海"。蒙语称"库库诺尔"，藏语称"错温波"，意为"青色的海"、"蓝色的海洋"。由于青海湖一带早先属于卑禾羌的牧地，所以又叫"卑禾羌海"，汉代也有人称它为"仙海"。从北魏起才更名为"青海"。青海湖地处高原的东北部，湖的四周被巍巍高山所环抱。北面是崇宏壮丽的大通山，东面是巍峨雄伟的日月山，南面是逶迤绵延的青海南山，西面是峥嵘嵯峨的橡皮山。离西宁约200千米，海拔为3 200米。它的周长360千米，面积达4 583平方千米，是我国最大的咸水湖。湖区有大小河流近30条。湖东岸有两个子湖，一名尕海，面积10余平方千米，系咸水；一名耳海，面积4平方千米，为淡水。在青海湖畔眺望，苍翠的远山，合围环抱；碧澄的湖水，波光潋滟；葱绿的草滩，羊群似云。一望无际的湖面上，碧波连天，雪山倒映，鱼群欢跃，万鸟翱翔。青海湖周围是茫茫草原。湖滨地势开阔平坦，水源充足，气候比较温和，是水草丰美的天然牧场。夏秋季的大草原，绿茵如毯。

金黄色的油菜，迎风飘香；牧民的帐篷，星罗棋布；成群的牛羊，飘动如云。日出日落的迷人景色，更充满了诗情画意，使人心旷神怡。

青海湖地域辽阔，草原广袤，河流众多，水草丰美，环境幽静。烟波浩渺的青海湖，就像是一盏巨大的翡翠玉盘平嵌在高山、草原之间，呈现一派山、湖、草原相映成趣的壮美风光和绮丽景色。

青海湖在不同的季节里，景色迥然不同。夏秋季节，当四周巍巍的群山和西岸辽阔的草原披上绿装的时候，青海湖畔山清水秀，天高气爽，景色十分绮丽。辽阔起伏的千里草原就像是铺上一层厚厚的绿色绒毯，那五彩缤纷的野花，把绿色的绒毯点缀得如锦似缎，数不尽的牛羊和膘肥体壮的骢马犹如五彩斑驳的珍珠洒满草原；湖畔大片整齐如画的农田麦浪翻滚，菜花泛金，芳香四溢；那碧波万顷、水天一色的青海湖，好似一泓玻璃琼浆在轻轻荡漾。而寒冷的冬季，当寒流到来的时候，四周群山和草原变得一片枯黄，有时还要披上一层厚厚的银装。每年 11 月份，青海湖便开始结冰，浩瀚碧澄的湖面，冰封玉砌，银装素裹，就像一面巨大的宝镜，在阳光下熠熠闪亮，终日放射着夺目的光辉。

青海湖以盛产湟鱼而闻名，鱼类资源十分丰富。

湖中盛产湟鱼，是我国西北地区最大的天然鱼库。四五月间，鱼群游向附近河流产卵，布哈河口密密麻麻的鱼群铺盖水面，使湖水呈现黄色，鱼儿游动有声，翻腾跳跃，异常壮观。

居住在这里的汉、藏、蒙等各族人民和睦相处，共同保护、开发和建设这浩瀚的宝湖。青海湖的美景吸引着成千上万的游人，成为国内外旅游者云集的游览胜地。游客到此不仅可以观赏高原牧区风光，还可以乘马骑牦牛，漫游草原，攀登沙丘，或到牧民家里访问，领略藏族牧民风情。牧场还专门为游客扎下各式帐篷，备有奶茶、酥油、炒面和青稞美酒供游客品尝。

知识点

年径流量

当降水强度超过土壤入渗率时，地表开始产生径流。年径流量就是全年地表径流的总水量。多年平均径流量是指多年径流量的算术平均值。以立方米/秒计，用以总括历年的径流资料，估计水资源，并可作为测量或评定历年径流变化、最大径流和最小径流的基数。多年平均径流量也可以多年平均径流深度表示，即以多年平均径流量转化为流域面积上多年平均降水深度，以毫米数计。

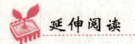

延伸阅读

青海湖的传说

相传，一千多年前，唐朝和吐蕃联姻，文成公主远嫁吐蕃王松赞干布。临行前，唐王赐给她能够照出家乡景象的日月宝镜。在远赴吐蕃途中，公主思念起家乡，便拿出日月宝镜，果然看见了久违的家乡长安。她泪如泉涌。然而，公主突然记起了自己的使命，便毅然决然地将日月宝镜扔出手去，没想到那宝镜落地时闪出一道金光，变成了青海湖。

纳木错

纳木错，位于中国西藏中部，地区青藏高原上，是中国第二大的咸水湖，也是西藏最大的湖泊和世界上海拔最高的大型湖泊。

纳木错是藏语"天湖"的意思，比世界上最高的淡水湖——南美洲的的的喀喀湖还要高 900 多米，它位于西藏拉萨市以北当雄、班戈两县之间。湖的南面是雄伟壮丽的念青唐古拉山，北侧和西北侧是起伏和缓的藏北高原。湖面狭长，东西长 70 千米，南北宽 30 千米，面积为 1 940 平方千米。

纳木错，又称腾格里海、腾格里湖。蒙语腾格里意为"天"，这是因为湖水湛蓝明净如无云的蓝天。湖周雪峰好像凝固的银涛，倒映于湖中，肃穆、庄严。湖中有三个岛屿，东南面是由石灰岩构成的半岛，发育成岩溶地形，有石柱、天生桥、溶洞等，景色美丽多姿。

大约在距今 200 万年以前，地壳发生了一次强烈的运动，青藏高原大幅度隆起，岩层受到挤压，有的褶皱隆起，成为高山，有的凹陷下落，成了谷地或山间盆地。纳木错就是在地壳构造运动陷落的基础上，又加上冰川活动的影响造成的。早期的纳木错湖面非常辽阔，湖面海

纳木错湖

拔比现在低得多。那时气候相当温暖湿润，湖水盈盈，碧波万顷，就如同一个大海。后来由于地壳不断隆起，纳木错也跟着不断上升，加上在距今 1 万年以来，高原气候变得干燥，湖水来源减少，湖面就大大缩小了，湖泊则被抬升到现在的高度。现在湖面海拔 4 718 米，是世界上海拔最高、面积超过 1 000 平方千米的大湖。

纳木错的湖水来源主要是天然降水和高山融冰化雪补给，湖水不能外流，是西藏第一大内陆湖。湖区降水很少，日照强烈，水分蒸发较大。湖水苦咸，不能饮用，是我国仅次于青海湖的第二大咸水湖。

由于气候高寒，冬季湖面结冰很厚，至翌年 5 月开始融化，融化时裂冰发出巨响，声传数里，亦为一自然奇景。纳木错的资源相当丰富，蕴藏着丰

QIMIAO DE JIANGHE HUPO

富的矿产，例如食盐、碱、芒硝、硼等，藏量均很大。湖中盛产鱼类，细鳞鱼和无鳞鱼成群结队在湖里游弋，主要是鲤科的裂腹鱼和鳅科的条鳅。这些鱼和平原地区的同类鱼不一样，是200万年以来，由这里原有的鱼类，随着地壳的隆起，适应高原的特殊环境，逐步变异演化而来的。有些鱼还保留着头大尾短的原始特征。裂腹鱼一般可长到一二千克，大的可长到七八千克甚至几十千克。过去由于藏族没有吃鱼的习惯，湖鱼自生自灭，从不怕人，人近湖边，鱼儿纷纷游来。每当夏季，湖中的鱼群从湖泊深处游到湖边滩地、河口产卵时，往往随手即可抓获。

纳木错湖的周围是广阔无垠的湖滨平原，生长着蒿草、苔藓、火绒草等草本植物，是水草丰美的天然牧场，全年均可放牧。藏北的牧民每年在冬季到来之前，就把牛羊赶到这里，度过风雪寒冬。夏天的纳木错最为欢腾喧闹，野牦牛、岩羊、野兔等野生动物在广阔的草滩上吃草；无数候鸟从南方飞来，在岛上和湖滨产卵、孵化、哺育后代；湖中的鱼群时而跃出水面，阳光下银鳞闪烁；牧人扬鞭跃马，牛羊涌动如天上飘的云彩，高亢、悠扬的歌声在山谷间回响。幽静安谧的纳木错生机勃勃，意趣盎然。难怪藏族人民要把纳木错看作是美好、幸福的象征了。

知识点

内 陆 湖

　　内陆湖是指处于河流的尾闾或独自形成独立的集水区域，湖水不外泄入海的湖泊。内陆湖泊水位变化受入湖河川水情影响，相应于内陆河川的春、夏汛期，湖泊出现高水位。内陆湖泊水量补给系数小，年内水位变幅大多低于1米。

　　内陆湖泊的吞吐量较小，其调节径流的作用也较小，同时有些内陆湖泊因补给量小，蒸发强烈，致使湖水逐渐浓缩，形成咸水湖或盐湖。

另外，由于干旱和上游用水量的增加，入湖水量减少，很多内陆湖萎缩甚至干涸，如内陆湖罗布泊就已经干涸。

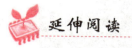

延伸阅读

关于纳木错的神话传说

传说"纳木错是帝释天的女儿，念青唐古拉的妻子"。在纳木错北岸约30千米处有一座山叫保吉山，保吉山与念青唐古拉山遥遥相望。威严峻拔的保吉山常与念青唐古拉的爱妻——纳木错窃窃私语、缠缠绵绵。后来他们相好生下一个儿子叫唐拉扎杰。保吉山和纳木错为了不让念青唐古拉发现儿子唐拉扎杰，便把唐拉扎杰藏在保吉山以西约6千米处的大坝。奇怪的是，纳木错以北地区无论从什么角度都能目睹念青唐古拉山的尊容，可就是站在唐拉扎杰山看不到念青唐古拉山。尽管唐拉扎杰没有被念青唐古拉看到，可不幸的事情还是发生了。神力无边的念青唐古拉最终知道了妻子纳木错和保吉山的私情，一次当保吉山和纳木错正在幽会时被念青唐古拉发现了，保吉山很是害怕正欲拔腿向北逃，念青唐古拉抽出长刀砍断了它的双腿，从此保吉山再也无法站立了。

新疆天池

新疆天池是天山山脉东段博格达山主峰博格达峰北麓处的一个冰碛湖，位于新疆阜康县境内的博格达峰下的半山腰，东距乌鲁木齐110千米，海拔1 980米，是一个天然的高山湖泊。湖面呈半月形，长3 400米，最宽处约1 500米，面积4.9平方千米，最深处约105米。该湖得名自乌鲁木齐都统明

QIMIAO DE JIANGHE HUPO

新疆天池

亮于乾隆四十八年（1783 年）所做的题记。湖水清澈，晶莹如玉。四周群山环抱，绿草如茵，野花似锦，有"天山明珠"盛誉。挺拔、苍翠的云杉、塔松，漫山遍岭，遮天蔽日。

天池东南面就是雄伟的博格达主峰（蒙古语"博格达"，意为灵山、圣山）海拔达 5 445 米。主峰左右又有两峰相连。抬头远眺，三峰并起，突兀插云，状如笔架。峰顶的冰川积雪，闪烁着皑皑银光，与天池澄碧的湖水相映成趣，构成了高山平湖绰约多姿的自然景观。

天池属冰碛湖。地质学工作者认为：第四纪冰川以来全球气候有过多次剧烈的冷暖运动，20 万年前，地球第三次气候转冷，冰期来临，天池地区发育了颇为壮观的山谷冰川。冰川挟带着砾石，循山谷缓慢下移，强烈地挫磨刨蚀着冰床，对山谷进行挖掘、雕凿，形成了多种冰蚀地形，天池谷遂成为巨大的冰窖，其冰舌前端则因挤压、消融，融水下泄，所挟带的岩屑巨砾逐渐停积下来，成为横拦谷地的冰碛巨垅。其后，气候转暖，冰川消退，这里便潴水成湖，即今日的天山天池。

　　天池，现在不仅是中外游客的避暑胜地，而且已成为冬季理想的高山溜冰场。每到湖水结冻时节，这里就聚集着来自各地的冰上体育健儿，进行滑冰训练和比赛。1979 年 3 月我国第四届运动会速滑赛就是在天池举行的。环绕着天池的群山，雪山上生长着雪莲、雪鸡，松林里出没着狍子，遍地长着蘑菇，还有党参、黄芪、贝母等药材。山墅中有珍禽异兽，湖区中有鱼群水鸟，众峰之巅有现代冰川，还有铜、铁、云母等多种矿物。天池一带如此丰富的资源和奇特的自然景观，对于野外考察的生物、地质、地理工作者们，更具有魅人的吸引力。1982 年新疆天池被列为国家重点风景名胜区。2007 年 5 月 8 日，新疆天山天池风景名胜区经国家旅游局正式批准为国家 5A 级旅游景区。

知识点

冰碛湖

　　指冰川消退时，冰碛物形成的凹地，或冰碛物阻塞河床、冰川谷潴水而成的湖泊。其形状多种多样，多分布在大陆冰川作用地区，也出现在遭受冰川作用过的山地。如我国西藏的帕桑错、布托青错，新疆的喀拉斯湖、腾格达峰北坡的天池、日内瓦湖等。

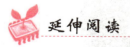

延伸阅读

博格达峰

　　博格达峰海拔 5 445 米，位于东经 88.3°，北纬 43.8°，坐落在新疆阜康县境内，是天山山脉东段的著名高峰。

博格达峰海拔高度虽然并不惊人，但登山难度绝非寻常。在主峰的东西，分别排列着 7 座 5 000 米以上的高峰。博格达峰山体陡峭，西坡与南坡坡度达 70°~80°，只有东北坡坡度稍缓。博格达峰山峰顶部基岩裸露，岩石壁立；中部则为冰雪覆盖，常年不化；峰顶以下则为冰川陡谷，地势险要。它主要有 4 条山脊：东北山脊、西南山脊、北山脊、东南山脊。山脚下就是著名的风景游览胜地新疆天池。

长白山天池

长白山天池又称白头山天池，坐落在吉林省东南部，是中国和朝鲜的界湖，湖的北部在吉林省境内。长白山位于中、朝两国的边界，气势恢宏，资源丰富，景色非常美丽。在远古时期，长白山原是一座火山。据史籍记载，自 16 世纪以来它又爆发了 3 次，当火山爆发喷射出大量熔岩之后，火山口处形成盆状，时间一长，积水成湖，便成了现在的天池。而火山喷发出来的熔岩物质则堆积在火山口周围，成了屹立在四周的 16 座山峰，其中 7 座在朝鲜境内，9 座在我国境内。这 9 座山峰各具特点，形成奇异的景观。

长白山天池

QIMIAO DE JIANGHE HUPO

天池虽然在群峰环抱之中，海拔只有 2 154 米，但却是我国最高的火口湖。它大体上呈椭圆形，南北长 4.85 千米，东西宽 3.35 千米，面积 9.82 平方千米，周长 13.1 千米。水很深，平均深度为 204 米，最深处 373 米，是我国最深的湖泊，总蓄水量约达 20 亿立方米。

天池的水从一个小缺口上溢出来，流溢约 1 000 多米，从悬崖上往下泻，就形成著名的长白山大瀑布。大瀑布高达 60 余米，很壮观，距瀑布 200 米远可以听到它的轰鸣声。大瀑布流下的水汇入松花江，是松花江的一个源头。在距长白瀑布不远处还有长白温泉，这是一个分布面积达 1 000 平方米的温泉群，共有 13 眼向外喷涌。

史料记载天池水"冬无冰，夏无萍"，夏无萍是真，冬无冰却不尽然。冬季冰层一般厚 1.2 米，且结冰期长达六七个月。不过，天池内还有温泉多处，形成几条温泉带，长 150 米，宽 30～40 米，水温常保持在 42℃，隆冬时节热气腾腾，冰消雪融，故有人又将天池叫温凉泊。

天池除了水之外，就是巨大的岩石。天池水中原本无任何生物，但近几年，天池人工饲养了一种冷水鱼——虹鳟鱼。此鱼生长缓慢，肉质鲜美，来长白山旅游能品尝到这种鱼，也是一大口福。不时听到有人说看到有怪兽在池中游水。有关部门在天池边建立了"天池怪兽观测站"，科研人员进行了长时间的观察，并拍摄到珍贵的资料，证实确有不明生物在水中游弋，但具体是何种生物，目前尚不明朗。他们对天池的水进行过多次化验，证明天池水中无任何生物，既然水中没有生物，若有怪兽，它吃什么呢？这一连串的疑问使得天池更加神秘美丽，吸引越来越多的人前往观赏。

 知识点

火口湖

火口湖又称火山口湖，是指火山锥顶上的凹陷部分积水形成的湖泊，

外形似圆形或马蹄形。火口湖面积不大，湖水较深。它们的形成往往是地壳构造断裂活动引起，火山于喉管顶部爆破，深部熔融岩浆喷、涌至空中或地表，落于火山喉管附近，堆积成陡壁，火山喷发停息，出口熔岩冷却，形成底平外圆的封闭的凹陷形态，积水成湖。我国东北长白山主峰长白山天池即是火山口湖。

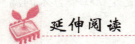

延伸阅读

天池水怪传说

近百年来，"水怪"的传说始终是一个悬而未解的谜题。无论是苏格兰的尼斯湖，还是中国的长白山天池、新疆的喀纳斯湖以及四川的列塔湖等等，"水怪"出没的传说一直不绝于耳，却又始终扑朔迷离、难辨真伪。在科学气息浓郁的21世纪，应该不会有谁轻易相信神鬼的谬论，可是现实生活中确实发生着一些令人匪夷所思、无法解释的怪事。在中国已有多处水域发现水怪之事，那些目睹过水怪的人，除了惊奇还有恐惧，那些肇事的湖水也因此披上了神秘的面纱。那么，这些水怪到底是什么？目击者都看到了什么？天池水怪其实可能是一种类似"翻车鱼"的海洋鱼类。

长白山天池是活火山，与日本海临近，极有可能有一条通往日本海的隧道，所以翻车鱼就从隧道进入天池，这不是没有可能的。又因为长白山天池是活火山，湖地有火山活动，矿物质丰富，这为翻车鱼提供了食物，同时火山活动使湖地温暖，所以适合翻车鱼生存。但最重要的是，水怪目击照片和录像显示，水怪有打转的习惯，它还可以越出水面，这都与翻车鱼极其相似，所以，水怪极有可能是翻车鱼。

中国五大淡水湖

淡水湖是湖水含盐量较低的湖泊。我国的淡水湖主要分布在长江中下游平原、淮河下游和山东南部，这一地带的湖泊面积约占全国湖泊总面积的三分之一。我国主要的五大淡水湖——鄱阳湖、洞庭湖、太湖、洪泽湖、巢湖都分布在这一地区。

鄱阳湖

鄱阳湖位于江西省北部、长江的南岸，是中国第一大淡水湖。在洪水位 21.69 米时，湖长 170.0 千米，平均宽度 17.3 千米，面积为 2 933 平方千米，最大水深 29.19 米，平均水深 5.1 米，蓄水量 149.6×10^8 立方米。鄱阳湖湖水主要依赖地表径流和湖面降水补给，主要入湖河流有赣江、抚河、信江、饶河、修水等。

鄱阳湖

洞庭湖

洞庭湖位于湖南省北部的长江中游以南，为中国第二大淡水湖。它的面积在枯水期约有 3 100 平方千米，洪水期为 3 900 多平方千米，湖区总面积达 18 000 平方千米。容积达一二百亿立方米。主要入湖河流有湘江、资水、沅水、澧水。

洞庭湖

太 湖

太湖位于江苏和浙江两省交界处，长江三角洲的南部。是中国东部近海地区最大的湖泊，也是中国的第三大淡水湖。湖区总面积约为 3 100 平方千米，水域面积约为 2 420 平方千米。流入太湖的河流主要有东茹溪等。

太 湖

洪泽湖

洪泽湖位于江苏省洪泽县西部淮河中游的冲积平原上，是中国第四大淡水湖。洪泽湖是一个浅水型湖泊，水深一般在 4 米以内，最大水深 5.5 米。湖区总面积为 2 069 平方千米。湖水的来源，除大气降水外，主要靠河流来水。流入洪泽湖的河流有淮河、濉河、汴河和安河等。

洪泽湖

巢 湖

巢湖位于安徽省江淮丘陵中部，是中国第五大淡水湖。总面积为 753 平方千米。其源头起自英、霍二山，主要入湖河流有丰乐河、杭埠河、兆河等。

巢 湖

"九牛二虎一只鸡"

　　人们常用"九牛二虎"来喻力大，清朝政府在加固洪泽湖大堤时，便铸造了"九牛二虎一只鸡"，放在大堤水势要冲，以祈镇水。

　　当地人传说铁牛当初铸造之时，肚内本是金心银胆，夜间还常常跑到田里偷吃老百姓的庄稼，当人们出来打时，一棍打了它的双角。此后又不知道哪个贪财之徒，偷摘了铁牛的金心银胆，使铁牛不能行动，这样铁牛就失去了镇水的作用。现存的铁牛大小如真牛，均作昂首屈膝状，似哞哞欲叫，憨态可掬，横卧在厚约10厘米的联体铁座上，铸工精细，造型生动，重约2500千克。铁牛肩胛上刻有楷书阳文："维金克木蛟龙藏，维土制水龟蛇降，铸犀着证奠淮扬，永除错垫报吾皇。康熙辛巳午日铸。"

　　如今，只剩下五头铁牛零落在堤上沐风淋雨了，成了最受人们青睐的洪泽湖一景。

北美五大湖

在美国和加拿大交界处，有五个大湖，这就是闻名世界的五大淡水湖。按面积从大到小分别为苏必利尔湖、休伦湖、密歇根湖、伊利湖、安大略湖。除密歇根湖全属于美国之外，其它 4 湖为加拿大和美国共有。

五大湖总面积约 25 万平方千米，是世界上最大的淡水水域。五大湖流域约为 77 万平方千米，南北延伸近 1 110 千米，从苏必利尔湖西端至安大略湖东端长约 1 400 千米。湖水大致从西向东流，注入大西洋。除密歇根湖和休伦湖水平面相等外，各湖水面高度依次下降。

五大湖是谷地构造，是始于约 100 万年前的冰川活动的最终产物。现在的五大湖位于当年被冰川活动反复扩大的河谷中。地面大量的冰也曾将河谷压低。五大湖的湖盆主要由冰川刨蚀而成。第四纪冰期时，五大湖地区接近拉布拉多和基瓦丁大陆冰川中心，冰盖厚 2 400 米，侵蚀力极强，原有低洼

苏必利尔湖

谷地的软弱岩层逐渐受到冰川的刨蚀，扩大而成今日的湖盆。当大陆冰川后退时，冰水聚积于冰蚀洼地中，便形成五大湖现在的水面。五大湖周边的天然资源丰富，有铁矿石、石炭、石灰石等矿产，五大湖也是重要的观光景点。

苏必利尔湖是北美洲五大湖最西北和最大的一个，也是世界最大的淡水湖之一，是世界上面积仅次于里海的第二大湖。湖东北面为加拿大，西南面为美国。湖面东西长616千米，南北最宽处257千米，湖面平均海拔180米，水面积8 2103平方千米，最大深度405米，蓄水量1.2万立方千米。有近200条河流注入湖中，以尼皮贡和圣路易斯河为最大。湖中主要岛屿有罗亚尔岛（美国国家公园之一）、阿波斯特尔群岛、米奇皮科滕岛和圣伊尼亚斯岛。沿湖多林地，风景秀丽，人口稀少。苏必利尔湖水质清澈，湖面多风浪，湖区冬寒夏凉。季节性渔猎和旅游娱乐业为当地主要项目。蕴藏有多种矿物。有很多天然港湾和人工港口。主要港口有加拿大的桑德贝和美国的塔科尼特等。全年通航期为8个月。该湖1622年为法国探险家发现，湖名取自法语，意为"上湖"。

休伦湖

休伦湖为北美五大湖中第二大湖。它由西北向东南延伸，长331千米，最宽处163千米，湖面积59 570平方千米。有苏必利尔湖、密歇根湖和众多河流注入。湖水从南端排入伊利湖。湖面海拔176米，最大深度229米。东北部多岛屿。湖区主要经济活动有伐木业和渔业。沿湖多游览区。4月初至12月末为通航季节，主要港口有罗克波特、罗杰斯城等。休伦湖是第一个为欧洲人所发现的湖泊，名源出休伦族印第安人。

密歇根湖也叫密执安湖，在北美五大湖中面积居第三位，是唯一全部属于美国的湖泊。湖北部与休伦湖相通，南北长 517 千米，最宽处 190 千米，湖盆面积近 12 万平方千米，水域面积 57 757 平方千米，湖面海拔 177 米，最深处 281 米，平均水深 84 米，湖水蓄积量 4 875 立方千米，湖岸线长 2 100 千米。有约 100 条小河注入其中，北端多岛屿，以比弗岛为最大。沿湖岸边有湖波冲蚀而成的悬

密歇根湖

崖，东南岸多有沙丘，尤以印第安纳国家湖滨区和州立公园的沙丘最为著名。湖区气候温和，大部分湖岸为避暑地。东岸水果产区颇有名，北岸曲折多港湾，湖中多鳟鱼和鲑鱼，垂钓业兴旺。南端的芝加哥为重要的工业城市，并有很多港口。12 月中旬到翌年 4 月中旬港湾结冰，航行受阻，但湖面很少全部封冻，几个港口之间全年都有轮渡往来。

伊利湖是北美五大湖的第四大湖，东、西、南面为美国，北面为加拿大。湖水面积 25 667 平方千米。呈东北—西南走向，长 388 千米，最宽处 92 千米，湖面海拔 174 米，平均深度 18 米，最深 64 米，是五大湖中最浅的一个，湖岸线总长 1 200 千米。底特律河、休伦河、格兰德河等众多河流注入其中，湖水由东端经尼亚加拉河排出。岛屿集中在湖的西端，以加拿大的皮利岛为最大。西北岸有皮利角国家公园（加拿大）。主要港口有美国的克利夫兰、阿什塔比拉等。

安大略湖是北美五大湖最东和最小的一个，北为加拿大，南是美国，大致成椭圆形，主轴线东西长 311 千米，最宽处 85 千米。水面约 19 554 平方千米，平均深度 86 米，最深处 244 米，蓄水量 1 688 立方千米。有尼亚加拉、杰纳西、奥斯威戈、布莱克和特伦特河注入，经韦兰运河和尼亚加拉河与伊利湖连接。著名的尼亚加拉大瀑布上接伊利湖，下灌安大略湖，

QIMIAO DE JIANGHE HUPO

安大略湖

两湖落差99米。湖水由东端流入圣劳伦斯河。安大略湖北面为农业平原，工业集中在港口城市多伦多、罗切斯特等。港湾每年12月至翌年4月不通航。

　　该湖群地区气候温和，航运便利，矿藏丰富，是美国和加拿大经济最发达地区之一，也是旅游、度假的好地方。

冰 期

　　冰期又称冰川时期，是指地球表面覆盖有大规模冰川的地质时期。两次冰期之间为一个相对温暖时期，称为间冰期。地球在40多亿年的历史中，曾出现过多次显著降温变冷，形成冰期。特别是在前寒武纪晚期、石炭纪至二叠纪和新生代的冰期都是持续时间很长的地质事件，通常称为大冰期。大冰期内又有多次大幅度的气候冷暖交替和冰盖规模的扩展或退缩时期，这种扩展和退缩时期即为冰期和间冰期。地球历史上曾发生过多次冰期，最近一次是第四纪冰期。

延伸阅读

罗亚尔岛

罗亚尔岛是美国国家公园之一，位于美国密歇根州，是苏必利尔湖上最大的岛屿。长72千米，最宽处达14千米。最高点迪索尔山高出湖面242米。岛上的河、湖中有野生鱼类可供垂钓。岛上为针叶林和落叶林所覆盖，属典型的过渡林带。岛上有野生动物和几百种鸟类。1931年建为国家公园。游人可乘独木舟或徒步游览。

的的喀喀湖

的的喀喀湖是南美洲面积最大的淡水湖，也是世界最高的大淡水湖之一，还是世界上海拔最高的大船可通航的湖泊，是南美洲第二大湖（仅次于马拉开波湖），被称为"高原明珠"。的的喀喀湖海拔高而不冻，处于内陆而不咸。海拔3 812米，湖水面积大约为8 290平方千米，平均水深140～180米，最深处达280米。平均水温13℃。湖中有日岛、月岛等51个岛屿，大部分有人居住，最大的岛屿的的喀喀岛有印加时代的神庙遗址，在印加时代被视为圣地，至今仍保存有昔日的寺庙、宫殿残迹。

的的喀喀湖有25条河流流入，湖水来自安第斯山脉融化的雪水，气候高于高原气候。

的的喀喀湖区域是印第安人培植马铃薯的原产地，印第安人一向把的的喀喀湖奉为"圣湖"。周围群山环绕，峰顶常年积雪，湖光山色，风景十分秀丽，为旅游胜地，的的喀喀湖沿西北—东南方向延伸，长190千米，最宽处80千米。狭窄的蒂基纳水道将湖体分为两个部分。湖水源于安第斯山脉的积雪融水。湖水从小湖流入德萨瓜德罗河流出注入波波湖。东南的部分较小，在玻利维亚称维尼亚伊马卡湖，在秘鲁称佩克尼亚湖。西北的部分较大，在

的的喀喀湖

玻利维亚称丘奎托湖，在秘鲁称格兰德湖。从西岸秘鲁的普诺到南岸玻利维亚的瓜基之间有定期的班轮航运来往。瓜基到玻利维亚首都拉巴斯之间有铁路，普诺到太平洋沿岸之间也有铁路，是玻利维亚出海的重要通路。

的的喀喀湖地区是古代印第安人著名的印加文化发祥地之一。公元1100年左右，印加人曾以此为中心建立了强大的印加帝国，后来被西班牙殖民者所灭亡。至今在的的喀喀湖周围还散布着许多印加文化遗址，蒂亚瓦拉科文化遗址就在的的喀喀湖东南21千米处。遗址保留了许多巨大的石像和石柱，其中最著名的古迹是雨神"维提科恰"的石塑像。这里还有闻名于世的"太阳门"。紧挨着"太阳门"，有座奇特的建筑，是用石头砌成的长方形台面，长118米，宽112米，印第安克丘亚语称之为"卡拉萨塞亚"。据考古学家分析，可能是古代印加帝国祭祀太阳神的祭坛。这里是的的喀喀湖区艺术的荟萃。

➡️ 知识点

淡水湖

淡水湖是指以淡水形式积存在地表上的湖泊，有封闭式和开放式两种。封闭式的淡水湖大多位于高山或内陆区域，没有明显的河川流入和流出。开放式的淡水湖则可能相当大，湖中有岛屿，并有多条河川流入、流出。按湖水矿化度分类，可分为淡水湖、微咸水湖、咸水湖及盐水湖四类。淡水湖矿化度小于 1 克/升，微咸水湖矿化度在 1 ~ 24 克/升之间；咸水湖矿化度在 24 ~ 35 克/升之间，盐水湖矿化度大于 35 克/升。外流湖大多为淡水湖，内陆湖则多为咸水湖、盐水湖。我国有七大淡水湖：鄱阳湖、洞庭湖、太湖、洪泽湖、微山湖、巢湖、洪湖，主要分布在长江中下游平原、淮河下游和山东南部。

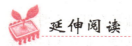

延伸阅读

的的喀喀湖的传说

的的喀喀湖有许多神话传说，湖名本身就有多种说法。一种说法是：太阳神在的的喀喀湖上的太阳岛创造了一男一女，这一男一女子孙繁衍，成为印加民族。那时候，这个湖不叫的的喀喀，而叫丘基亚博。在印第安克丘亚语中，"丘基亚博"是"聚宝盆"的意思。因为这个湖区周围的群山中蕴藏着丰富的金矿，印第安人用黄金制成多种装饰品随身佩戴，便自豪地把这个湖命名为"聚宝盆"。不料，有一天，太阳神的儿子独自外出游玩，被山神豢养的豹子吃掉了。太阳神痛哭儿子，泪流满湖。印第安人同情太阳神，痛恨豹子，纷纷上山猎豹，杀死豹子作为牺牲品，追悼太阳神的儿子。以后，人们在太阳岛上建起了太阳神庙，把一块象征豹子的大石头放在太阳神庙里，代替祭祀的牺牲，留给世世代代使用。所以，这块大石头就叫"石豹"。"石豹"在印第安克丘亚语中就是"的的喀喀"。所以，湖名就由"丘基亚博"逐渐变为"的的喀喀"了。另一种说法是：水神的女儿伊喀喀爱上英俊的青年水手的托，他们偷偷结为夫妻，过着幸福的生活。水神得知后，勃然大怒，他立即兴风作浪，把的托淹死。伊喀喀十分悲伤，她将爱人的尸体推出水面，把他化为山丘，自己则变为浩瀚的湖水，生生世世，山水相依。印第安人十分同情他们的遭遇，就把他们的名字结合起来作为湖名，这就是的的喀喀湖。

大盐湖是北美洲最大的内陆盐湖，也是西半球最大的咸水湖。它位于美国犹他州西北部，东面毗邻落基山的支脉沃萨奇岭，西面则倚靠着大盐湖沙漠。大盐湖长 120 千米，宽 63 千米，从西北向东南方向延伸。大盐湖的水深在内陆湖中算是比较深的，最深处有 15 米。

大盐湖不仅是北美洲最大的内陆盐湖，而且它的含盐量在世界上的湖泊中也是较高的，最高能达到 288‰。大盐湖的盐度分布呈现出北高南低的特点，盐度最高的地方在北部，有 288‰，而最低处在南部，只有 150‰。南北两边盐度相差如此之多，是因为湖面南高北低造成的。大盐湖的东南和南部汇入了韦伯河、贝尔河和乔丹河，而南部的湖水没有出口，所以湖面较高，这样才形成了盐度北高南低的特点。

大盐湖的面积总是处于变化之中，这是因为它的水量几乎完全取决于降水和蒸发，每当这些因素改变时，湖的面积就随之发生变化。现在，大盐湖面积在逐渐地变小，因为降水越来越少，而蒸发越来越大。19 世纪 70 年代的时候，湖水的水域面积达到 6 200 多平方千米。过了不到一个世纪的时间，在 20 世纪 60 年代，湖水连原来的 1/2 都不到了，仅有 2 500 平方千米。

实际上，大盐湖在大冰川时期不是咸水湖，而是一个淡水湖，当然也不叫"盐湖"，而叫做本内维尔湖。在 100 万年前的大冰川时期，本内维尔湖的面积广达 5.2 万平方千米。那个时候它也不是内陆湖，有好几条河流流经，如通向太平洋的司内克河，给湖盆带来了大量的淡水。直到冰川期后期，由于气候变得干旱，湖水大量蒸发，水位下降，原先流经此地的河流不得不绕道而行，本内维尔湖就变成了内陆湖。没有了淡水的注入，湖水还不断蒸发，盐分越积越多。长久以后，本内维尔湖也就变成了咸水湖，名字也改成了"大盐湖"。

因为大盐湖盐度过高，所以湖中生物不多，只有盐水虾和一些水藻。这里盛产虾籽，是国际市场上热带鱼饲料的重要产地。大盐湖的水域面积虽然不是特别大，但是湖中岛屿众多。其中，最大的安蒂洛普岛水草丰茂，非常适合饲养水禽，也是牧羊的好地方。大盐湖资源丰富，最占分量的要数盐类了，据测算，大盐湖中的盐类蕴藏量总共达到60亿吨，其中食盐占3/4，还有镁、钾、锂、硼等。美国政府充分利用了大盐湖的资源，开采食盐，现在年产量达到27万吨，足以供美国全国人食用。

　　大盐湖是美国犹他州一大旅游胜地，这里独特的自然景观吸引了世界各地的人们。而且湖面上有南太平洋铁路经过，不仅方便了交通，更增添了旅游者的乐趣。

盐　湖

　　盐湖是咸水湖的一种，是湖泊发展到老年期的产物，它富集着多种盐类，是重要的矿产资源。我国柴达木盆地蒸发量达2 400～2 600毫米，为年降水量的30～50倍，形成很多盐湖。

　　盐湖形成，需要一定的自然条件，其中最主要的有以下两点：

　　1. 干旱或半干旱的气候。在干旱或半干旱的气候条件下，湖泊的蒸发量往往超过湖泊的补给量，湖水不断浓缩，含盐量日渐增加，使水中各种元素达到饱和或过饱和的状态，在湖滨和湖底形成了各种不同盐类的沉积矿床。

　　2. 封闭的地形和一定的盐分与水量的补给。封闭的地形使流域内的径流向湖泊汇集，湖水不致外泄，盐分通过径流源源不断地从流域内向湖泊输送。在强烈的蒸发作用下，湖水越来越咸，盐分越积越多，久而久之，就形成了盐湖。

大盐湖的卤虫产业

大盐湖有着丰富的鱼类饵料——卤虫，卤虫是热带鱼类十分喜欢吃的饵料。1950年在大盐湖成立了世界上第一个卤虫公司。当时的产品为冰冻卤虫成体，并将其发送到美国各地。1952年在进行冰冻卤虫生产的同时，开始进行卤虫卵的采集。卤虫卵的采集地主要集中北湖的北岸。随着风浪的作用，将漂浮于湖面上的卤虫卵吹至岸边，有时岸边的卤虫卵堆积厚度可达4～5厘米。当时卤虫卵的用途主要是以通过孵化的幼体作为热带观赏鱼繁殖幼苗的活饵料。1962年，由于横穿大盐湖的南太平洋铁路由木质路基改为沙石路基后，北湖盐度升高，卤虫或卤虫卵数量减少，因此，采捕卤虫及卤虫卵的生产活动也从北湖转移到了南湖。后来，又有三家公司和个人进入大盐湖从事采集卤虫或卤虫卵的行业，大盐湖的卤虫产业蓬勃发展起来。

维多利亚湖

维多利亚湖位于东非大裂谷间的平坦盆地上，是肯尼亚、乌干达和坦桑尼亚三国的天然交界湖。湖岸线蜿蜒曲折，长有7 000多千米。湖面海拔较高，平均海拔在1 134米左右，东西最宽处达到240千米，南北最长有400千米，面积69 000平方千米，是非洲最大的淡水湖，仅次于美洲的苏必利尔湖，在世界淡水湖中排名第二。这样一个面积巨大的淡水湖，又有湖北部排水量达到每秒600立方米的里本瀑布不停地往湖中注水，因此它成为白尼罗河的主要水源。

维多利亚湖地处盆地，地势起伏不大，湖的四周分布着许多丘陵和平原。它还是一个多岛屿的湖泊，这些岛屿总面积共有6 000平方千米，较大的岛屿有乌凯雷韦岛、布加拉岛、鲁邦多岛、马伊索梅岛、布武马岛等。

维多利亚湖

维多利亚湖的四周，雨水充足，土地肥沃，因此那里的农业极为发达。那里主要的农产品有谷子、玉米、大豆、木薯、咖啡、除虫菊等。此外，还盛产各种热带水果，尤其是香蕉。当地人吃香蕉有一个独特之处，他们并不生吃，而是做熟了吃，另外，他们还将香蕉做成各种糕点。由于这里种植着大量能净化空气的香蕉树，再加上其他热带植物，使得那里到处都充满绿色，让来这里旅游的人很快就能享受到清凉。

维多利亚湖所在区域降水量较多，水草丰茂，森林茂密，是一个天然的野生动物乐园。那里生活着名目繁多的野生动物，像狮子、大象、豹子、犀牛、斑马、长颈鹿等热带野生动物都随处可见。

在这些野生动物中，最吸引人的是湖中的河马。河马是一种庞然大物，属于水陆两栖动物，体重一般可达3 000千克。不过，别看它面目可怖，实际上却性情温和，习惯于在水中群体生活。河马看上去很懒，白天的时候，常常把身体泡在水里，只让鼻孔、眼睛、耳朵露在外面，一动不动地睡上好几个钟头。就算有水鸟飞到它的头上，它也不会动。实际上，河马一点都不懒，它们躲在水中只是为了躲避炎热的太阳，到了晚上它们就到湖边草丛中寻觅可口的植物，饱餐一顿后又重新回到水中。

盆　地

四周高（山地或高原）、中部低（平原或丘陵）的盆状地形称为盆地。从总体上根据盆地的地球海陆环境，将其分为大陆盆地和海洋盆地两大类型，大陆盆地简称陆盆，海洋盆地简称海盆或洋盆。按其成因可把大陆盆地划分为两种类型：一种是地壳构造运动形成的盆地，称为构造盆地，如我国新疆的吐鲁番盆地、江汉平原盆地。另一种是由冰川、流水、风和岩溶侵蚀形成的盆地，称为侵蚀盆地，如我国云南西双版纳的景洪盆地，主要由澜沧江及其支流侵蚀扩展而成。地球上最大的盆地在东非大陆中部，叫刚果盆地或扎伊尔盆地，面积约相当于加拿大的1/3。这是非洲重要的农业区，盆地边缘有着丰富的矿产资源。

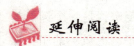

东非大裂谷

东非大裂谷也叫"东非大峡谷"或"东非大地沟"，是世界大陆上最大的断裂带，从卫星照片上看去犹如一道巨大的伤疤。有人形象地将其称为"地球表皮上的一条大伤痕"。东非大裂谷位于非洲东部，南起赞比西河口一带，向北经希雷河谷至马拉维湖（尼亚萨湖）北部分为东西两支。东支裂谷是主裂谷，沿维多利亚湖东侧，向北经坦桑尼亚、肯尼亚中部，穿过埃塞俄比亚高原入红海，再由红海向西北方向延伸抵约旦谷地，全长近6 000千米。这里的裂谷带宽约几十至二百千米，谷底大多比较平坦。裂谷两侧是陡峭的断崖，谷底与断崖顶部的高差从几百米到两千米不等。西支裂谷带大致沿维多利亚湖西侧由南向北穿过坦噶尼喀湖、基伍湖等一串湖泊，向北逐渐消失，规模比较小，全长1 700多千米。东非裂谷带两侧的高原上分布有众多的火山，如乞力马扎罗山、肯尼亚山、尼拉贡戈火山等，谷底则有呈串珠状的湖泊约30多个，这些湖泊多狭长水深。

图尔卡纳湖

图尔卡纳湖是东非大裂谷区域中的一个断层内流湖，昵称"碧玉涧"，从高空俯视，在沙漠中仿佛有一颗巨大而又美丽的水晶珠镶嵌在这一片灰黄的茫茫大地上，它不仅是肯尼亚最大的湖泊，也是当今世界上最大的咸水湖之一。

图尔卡纳湖原名鲁道夫湖，在肯尼亚政府取得独立地位后的1975年，改用湖西岸的一个少数民族部落——图尔卡纳族的名字来命名，从此人们就称之为图尔卡纳湖。

图尔卡纳湖的湖区面积有10 000多平方千米，南北延伸256千米，东西宽50～60千米，是一个呈狭长条带状的湖。它的海拔比较低，大约只有375米。它也不是一个很深的湖泊，据测量，最深的湖区南端也只有120米深左

图尔卡纳湖

右。图尔卡纳湖也是一个咸水湖，这或许跟它曾经与同大海相通的尼罗河相通有关，只不过后来那里发生了断层陷落，东非大裂谷出现的时候，图尔卡纳湖也就随之产生。

由于这里有许多火山，以往火山喷发形成的火山灰，在雨水作用下，形成了十分肥沃的土地，因此这里到处都是茂密的树林和草原，动物种类也极为繁多，草丛中成群的羚羊、斑马、野鹿等随处可见。在炎热的白天，图尔卡纳湖四周是很难看见有动物活动的；但是一到傍晚，各种动物就仿佛天降般出现了，它们争相饮水，湖边顿时热闹起来。这里最出名的动物要属鳄鱼，游人到这里来，大多是为了观看这种凶猛的两栖动物。可以说，这里是一个鳄鱼的"极乐世界"。当人们乘汽艇在湖区游览时，在轰鸣的马达声中，湖中的鳄鱼和河马便会浮出水面，它们常常在汽艇前后嬉戏玩耍。鳄鱼最具危险性的时候是它们成群结队地爬到岸边的草丛里时，你看它们一个个张着大嘴，好像是在晒太阳，其实它们是在等候猎物的到来，一旦有动物或者人经过那里，它们就会猛扑过去，很快将猎物吃掉。

图尔卡纳湖同样是一个美丽的湖泊，那里的湖水碧绿如水晶，因此有着沙漠中的"水晶珠"的美誉。它虽然是咸水湖，但湖水的淡水含量很高，因此湖中生长的鱼类很多。不仅种类多，有的鱼的个头还很大，甚至可以长达数米，重达数百公斤。来这里旅游的游人可以租一条小船，自己到湖中去撒网捕鱼，由于湖中的鱼很多，他们都会满载而归。既游览了美丽的湖泊，又能有所收获，真是一举两得！

图尔卡纳湖是一个物产丰富的宝库，它清澈的湖水哺育了生活在这里的人们，形成了灿烂的文化，它不愧是沙漠中的"水晶珠"！

裂　谷

裂谷是地球深层作用的地表凹陷构造，以高角度断层为界呈长条状的地壳下降区，是数百至上千千米长的大型地质构造单元。大陆裂谷按形成方式的不同，可分为主动裂谷和被动裂谷两类。主动裂谷是地幔的上升热对流的长期作用，使大陆岩石圈减薄、上隆而致破裂，然后出现凹陷而成裂谷，如东非大裂谷、红海亚丁湾。被动裂谷则是由于地壳的伸展作用或剪切作用，使岩石圈减薄、破裂而导致裂谷的形成。

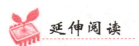
延伸阅读

图尔卡纳湖的发现

在 20 世纪七八十年代，图尔卡纳湖附近共发现了 160 个人类头盖骨化石、4 000 多件哺乳动物化石以及龟、鳄鱼等化石和石器时代的器具。这些化石说明，300 万年前的图尔卡纳湖地区曾是森林茂密、水草丰美、动物成群的地带。湖内除了上万条鳄鱼外，还有长达 2 米的蜥蜴，它们的形态同 1.3 亿年前一样，湖内岛上还随处可见蝰蛇、眼镜蛇、响尾蛇等毒蛇，在图尔卡纳湖周围地区居住着 28 个勇敢的部族，其中以图尔卡纳族人口最多，图尔卡纳湖就是以这个部族的名字命名的。他们至今仍保持着独特的生活习惯，过着游牧和渔猎生活。

乍得湖

"乍得"，在当地语言中是"水"的意思，将它用做湖泊的名称，即意为"一片汪洋"。这片汪洋是非洲第四大湖，也是世界著名的内陆淡水湖。乍得的国名就是因这个湖而来的。乍得湖的主要湖区位于乍得境内，其余部分在喀麦隆、尼日尔和尼日利亚三国交界处。乍得湖之所以值得一说，是因为它有许多独特之处。在炎热干旱的非洲大地上，有一个低洼又凉爽的盆地，这本就是一个奇特之处了，在盆地的中心还有着一片汪洋，这就是乍得湖。因此，乍得湖被称为"炎热大地上的清凉世界"。

乍得湖

乍得湖的面积不是固定不变的，而是在一年之内随着季节的不同发生两次较大的变化。每年6月雨季到来的时候，湖面上升，湖水漫过低平的湖岸，向四周扩展，这时的湖区面积达到2.2万平方千米，而当11月旱季到来的时候，湖面便渐渐缩小，变成一个长方形的湖泊，湖水面积只有约1万多平方千米。一年之间变化两次，面积相差一倍，纵观世界各大湖，乍得湖算是独一无二的了。

除此之外，乍得湖还有许多不同于热带非洲其他大湖的独特的地方。乍得湖位于世界上最大的沙漠——撒哈拉大沙漠和世界上奇热地带之一——苏丹热带稀树干旱草原之间，是一个内陆湖，而且它没有出口。依照常理，人们都推断它应该是一个咸水湖。但是乍得湖湖水的盐度只有千分之零点几，那里的大部分水域中的水都是淡水，只有东部和北部的水略带咸味，比东非各大湖泊的含盐度都低。这么说来，这也是自然界的神奇之处。后来，人们才得知这个神奇之处的奥秘。人们发现，乍得湖的湖水不停地通过地下渗透，向它东北部的一个名叫博得内的盆地流去，在这个过程中，湖水中的许多盐类及其他矿物质都被过滤掉了，因此使得湖水盐度不高，成为最大的内陆淡水湖之一。

乍得湖既有着丰富的淡水资源，同时也由于这里的水质良好，湖水温度适中，因此形成了一个天然的生态保护区。如同许多著名的淡水湖一样，在乍得湖边缘的湖水里，生长着一种可以用来造纸和制作工艺品的芦苇。这种芦苇韧性很好，是造纸和制造工艺品的上等原料，因此这里成了乍得最大的纸张生产地。同时，这里也是一个重要的淡水鱼产地，而且更令人惊奇的是这里还出产许多在河里才能见到的鱼类。如今的乍得湖已经变成了一个"鱼米之乡"。

 知识点

稀树草原

　　稀树草原是炎热、季节性干旱气候条件下长成的植被类型，其特点是底层连续高大禾草之上有开放的树冠层，即稀疏的乔木。世界大片的稀树草原分布于非洲、南美洲、澳洲、印度等地。我国云南南部元江、澜沧江、怒江及其若干支流所流经的山地峡谷地区，分布着我国最为干热的草地，这里气候炎热而干旱，年降雨量小于 1 000 毫米，具有非常明显而特殊的干热河谷气候。在河漫滩以上较低的台地上，首先形成稀疏的旱生草丛，后来逐渐演化形成稀树草原。

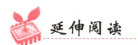 延伸阅读

撒哈拉大沙漠

　　撒哈拉沙漠约形成于 250 万年前，是世界上最大的沙漠，几乎占满非洲北部全部。东西约长 4 800 千米，南北在 1 300～1 900 千米，总面积约 900 万平方千米。撒哈拉沙漠西濒大西洋，北临阿特拉斯山脉和地中海，东为红海，南为萨赫勒一个半沙漠干草原的过渡区。撒哈拉大沙漠是地球上最不适合生物生长的地方之一，也是世界上除南极洲之外最大的荒漠。